手製化妝品與手工皂

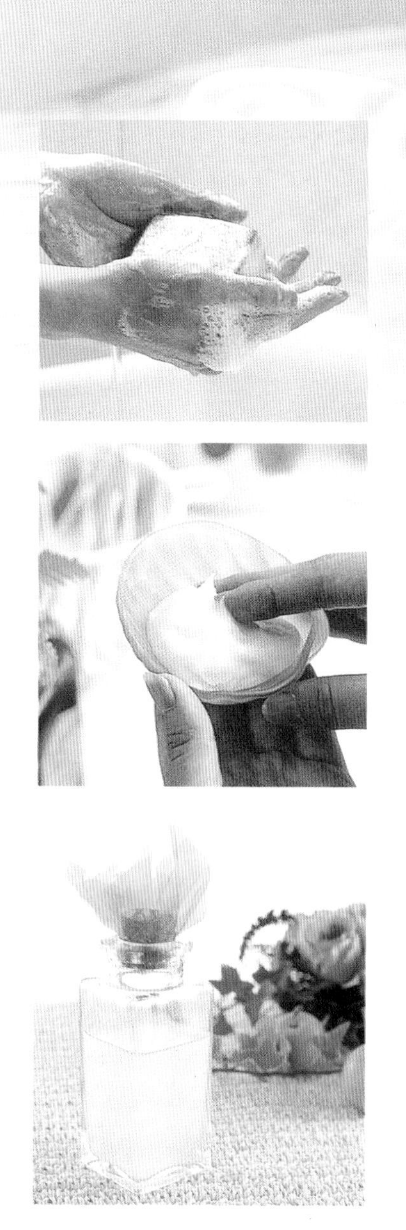

三悅文化圖書事業有限公司

—— 喜歡自己的皮膚嗎？

我以前一直很喜歡化妝品。在了解手製化妝品之前，我買過各種名牌化妝品，拿過各種試用品，發生了問題之後，又去買新的化妝品來解決問題。現在想想，這真是一件很浪費的事情。

就在這個時候，因為一時的好奇而開始試著自己做香皂。因為以前就喜歡做實驗，所以也不害怕苛性鈉，而且漸漸越加投入。使用完成的香皂的那一瞬間的感動是不能持久的，可是自己的肌膚、頭髮卻出現了未曾有過的滋潤與活力。這一點讓我非常高興，欲罷不能的開始了香皂的製作。

拜手工香皂之賜，生活變得舒適愉快，不過，卻也出現了疑問。變得如此光澤細膩的我的皮膚，還可以繼續抹上價格昂貴！內容成分卻不明的高級化妝品嗎？是否只是因為誘人的廣告吸引了我呢？

因此，我開始了我的實驗生涯、開始手製化妝品的機緣，實際上，是因為我偶然在網路上看到相關的網站，在自己歷經數次失敗也不放棄的性格支持下，漸漸完成了使用起來舒適的乳霜。開始的時候，為了尋找材料花了不少時間，不過利用網路的檢索以及電話的詢問，現在已經掌握了便宜而方便的購買管道。

當然，對於化妝品也有了深入的研究。雖然說是自然的素材，因為是要使用於皮膚的，所以關於所具有的個性，以及何種使用方式效果最好，是否有過敏的問題，可以使效果更好的組合方式等等相關問題，投入的程度，連自己也感到驚訝。因此，開始期待自己完成不遜於市售之效果的化妝品，一切自己動手做。

手製不只是享受一種快樂，除了也可以了解各種材料的效果之外，同時也可以為了自己而努力練習，實現了市售中並不存在之『完全適合自己皮膚的化妝品與香皂』。雖然看起來並不是一件了不得的事情，不過，還有比這個更棒的事情嗎？不是為了別人，而是為了自己而親自製作，奢侈的使用對自己的肌膚最有效果的化妝品，這才是手製化妝品的真髓。

現在還為肌膚問題而困擾的妳，想要快一點變漂亮的妳，想要十年後、二十年後，依然保持現在美麗的妳，而且變得最喜歡自己的肌膚而微笑的妳，馬上開始化妝品與香皂的製作吧！

福田瑞江

CONTENTS 目錄

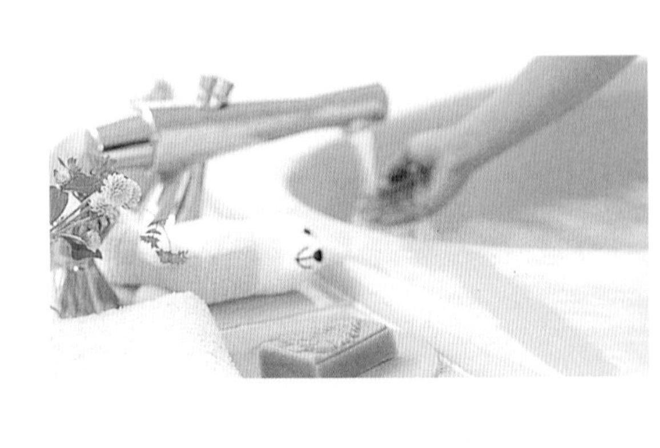

所有的材料都可以買到！

第一次做香皂的人，一定會有「這個要去哪裡買啊？」的疑問。不過，請不要擔心。本書所介紹的化妝品、香皂材料，全部都在p124～126介紹的店、一般藥局、芳香療法專門店、進口食材店中可以買到。詳細的內容請參看p46～52的材料說明頁。如果有不清楚的地方，可以到以下記載的電子郵件詢問。Studio23@clubaa.com

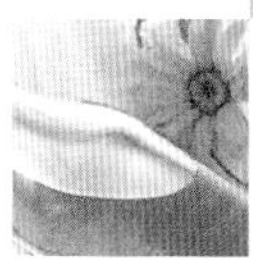

◆特集

◆專欄

★索引

CAUTION !

1 一定要進行肌膚測試

即使是天然素材，也有不適合皮膚的成份。肌膚敏感的人或是過敏的人當然不能少，即使平時皮膚抵抗力很好的人，剛開始使用的材料一定要做皮膚測試。做法是在不顯眼的皮膚部份抹上少量材料或化妝品。若有紅腫、發癢的情況，請絕對不要使用。

2 覺得情況不對立刻停止使用

即使測試的時候沒有出現異常，做好的化妝品或香皂使用時使用感不佳，或是覺得有異常時，不要繼續使用，要立刻終止。如果引起發癢或皮膚乾燥，要儘早向皮膚科求診。

開始製作前 必須閱讀的事項

6 製作香皂要使用專用道具

香皂使用的是苛性鈉，鍋子、容器、湯杓、橡皮刮刀等道具，都必須準備專用的，有些說明書認為只要仔細清洗乾淨就無所謂。不過，本書並不贊成兼用料理工具。可以利用舊的道具，充分享受製造香皂的樂趣。

7 製作香皂絕對不可以大意

製作香皂只要嚴格遵守注意事項並不會有危險發生。不過，「製造香皂剛開始熟練的時候，是最危險的」，熟練之後反而容易因為輕忽大意而導致危險。製作的時候，永遠要以專業的心態進行，遵守注意事項，慎重進行。

8 收集材料也是一種樂趣

化妝品、香皂所使用的材料，有些超市、藥局就可以買到，也有些必須要用郵購的方式，請參考購買。不過關於化妝品，有些可以使用，有些則不能使用。購買時一定要先確認。

3 效果因人而異

本書所介紹的香皂、化妝品的配方全部使用自然素材。因此，無法如市售化妝品或醫藥品一般的有即效性。有些人甚至經過數個月才出現效果。如果沒有出現異常，最好耐心的繼續使用。

4 手製化妝品的關鍵在於保存

本書所介紹的化妝品完全不使用防腐劑。因為化妝品無法長久保存，所以為了能在最佳狀態下使用，只能少量製作。此外，容器與道具的消毒殺菌(p20)、冷藏室的保存，使用時使用小匙子不要直接用手接觸等，都是必須遵守的事項。

5 先依照配方進行

開始手製化妝品後，會很希望能變化應用，但在熟悉之前，最好先依本書配方進行。因為材料的不同，混和時或許會產生沉澱，也或許會無法均勻凝固，或者出現噁心的氣味等各種現象。總之，加入特別材料之前，一定要先進行皮膚接觸測試。

為什麼要自己製作化妝品與香皂呢？因為想要購買最適合自己的，費用非常昂貴，所以想自己用對自己的肌膚最好的材料製作……既然如此，請遵守以下事項喔！

9 配合自己的需要進行調整

習慣製作過程之後，就可以開始考慮自己的肌膚以及喜好進行變化。避免總是使用相同的材料製作，嘗試新材料的加入，這才是手製材料的真髓。請參考相關的網頁資訊。

10 不要因為一開始的失敗而放棄

要能夠巧妙的製作化妝品與香皂，需要一點訣竅與經驗。第一次就能成功當然最好，請不要因為第一次的失敗而放棄，再確認一次配方挑戰看看。就和料理一樣，多試幾次就能掌握訣竅了。

珍 貴 的 肌 膚 只 用 天 然 的

找找看
讓你最美的手製保養品

非常在意自己的皮膚耐不住嚴苛氣候的人，不能如意的保護自己的皮膚而焦慮不安的人，不論花多少錢，也無法改善肌膚而準備放棄的人……是否該試著稍微轉換一下觀點？

不妨讓最了解肌膚狀態的自己，從各種天然素材中選擇最適合自己肌膚的材料，做成最上等的化妝品。

要有從心裡感到滿意的美麗，請仔細的看看本書！

STEP 1
去除髒污、老舊廢物

清潔｜CLEANSING　完全卸妝

卸妝油
cleansing oil

用營養豐富的油
即使是不透水的化妝品
也可以清除乾淨

只能手工製作的豪華油類，不只保護皮膚，也可以毫無困難的卸除濃妝。還有檸檬清爽的香氣。作法→p.12

清潔｜CLEANSING　卸妝滋潤

輕柔磨砂膏

cleansing scrub

輕柔的按摩
而有適度的滋潤
能使肌膚光滑

最適合洗臉後保養的磨砂膏。加入少量的牛奶或是水加以攪拌，就可以成就細緻的肌膚。作法→p.12

清潔｜CLEANSING　簡單擦拭

卸妝化妝水

cleansing lotion

最適合淡妝的卸妝
用棉花沾取
輕輕擦拭即可

最適合覺得卸妝很麻煩的淡妝派。搭配著手製的香皂洗臉，會有加倍的滋潤效果。作法→p.12

◆步驟一的「去除髒污、老舊廢物」，包含了洗面皂在內。→p.68

清潔 | CLEANSING　卸妝按摩

卸妝冷霜

cold cleansing cream

可以期待按摩效果的乳霜型清潔用品

柔和色彩的乳霜畫圓般輕輕按摩，用衛生紙擦拭後洗臉。此外，柑橘系的清香也能使人心神安定。作法→p.13

配方 RECIPE

卸妝油 (p.9) 作法

1

用量杯或是燒杯計量油與甘油的量加入。

2

加入精油。有些精油的容器滴落的時候會大量流出，要小心過量。

3

均匀混和，裝入清潔的容器中保存。油類容易氧化，所以要在一個月內使用完畢。

●使用方法●

油類有時候會分離，所以使用前要將容器搖過。用手取用適量塗在整個臉部，使化妝品濕潤之後輕輕按摩，眼睛周圍則是用棉花沾取少許油擦拭。接著用香皂洗臉。

※油或是精油可以改用自己喜歡的種類，但是必須要嚴格遵守份量。

●材料● (約10次份)

葡萄籽油…………1大匙
甜杏仁油…………1大匙
酪梨油……………1大匙
甘油………………1大匙
★精油
檸檬………………4滴
茴香………………2滴

輕柔磨砂膏 (p.10) 作法

1

燕麥磨成細緻粉狀。用磨豆機或是食物料理機等粉碎機比較方便。雖然比較花時間，不過也可以用缽磨碎。

2

杏仁與燕麥同樣的用粉碎機或磨缽磨碎。杏仁有油脂，所以不會成為粉狀，而會成為鬆軟白乳酪狀。

3

將1與2合在一起。這個時候使用磨碎機或是磨缽會比較方便。放入充分乾燥的清潔容器中保存。

●使用方法●

將3的磨砂膏2小匙放在盤子或小容器中，取份量的牛奶或水充分攪拌。如果太軟，加多一點粉，太硬則加一點水或牛奶加以調節。攪拌的時候放在手心，用兩手推開，然後將手包住臉輕輕按摩，不要按摩得太用力，輕柔的進行是訣竅。經過2～3分鐘的按摩之後，用棉花或衛生紙擦拭。接著用香皂洗臉。

※攪拌磨砂膏時使用牛奶，可以有更好的清潔效果。

※輕柔磨砂膏最好在以香皂洗臉，卸妝之後進行。使用過輕柔磨砂膏之後皮膚會顯得更細膩，不過需要補充化妝水與乳液加以保護。

●材料● (約10次份)

燕麥………………1/4杯
杏仁(生)…………10粒
★使用之時
牛奶或水…………2小匙

卸妝水 (p.10) 作法

1

燕麥片放入容器中加入精製水均匀攪拌。

2

放置使燕麥自然沉澱。

3

沉澱之後使用湯杓舀取上面清澄的液體。

4

加入藥用酒精與檸檬汁混合，放入清潔容器中，置於冷藏室保存，兩週內使用完畢。

●使用方法●

用棉花沾取適量擦拭臉部，接著用香皂洗臉。

※適合沒有上妝或淡妝的人使用。

※藥用酒精的加入是作為防腐劑使用，也可以不加。不加的時候必須盡快使用完畢。

●材料● (約1週份)

燕麥………………1/4杯
RO純水……………250cc
藥用酒精…………1小匙
檸檬汁……………1大匙

◆精油參照 p.64～，燕麥則是 p.104，其他材料 p.46～52。

卸妝冷霜 (p.11) 作法

1、馬克杯等耐熱容器準備兩個，1個放檸檬汁與甘油，另一個放入準備好的3種油與乳化臘。

2、鍋子準備熱水轉小火，將兩個容器同時放在鍋子浸熱水。要小心避免熱水跑進容器之中。

3、一面隔水加熱，一面將油類與乳化臘充分攪拌，使臘融入油中。這個步驟必須小心攪拌才能完成。

4、等臘完全溶解之後，測量容器內的溫度，確定兩者相同(50～56℃)才從熱水中取出。

5、將檸檬汁與甘油的混合液倒入油與臘的容器中，充分攪拌，接下來的5分鐘要持續不斷的攪拌。

6、開始混合經過5分鐘之後，可以偶爾停止，要持續攪拌到濃稠狀態。雖然辛苦了一點，不過如果攪拌不足會使乳霜分離。

7、成為乳霜之後，還需不時的攪拌，使之冷卻至與室溫相同。乳霜是冷藏後較容易使用的硬度，如果太軟可再稍微等待。

8、等乳霜完全冷卻之後加入精油，充分混合攪拌。這裡如果攪拌不足。精油濃度較高的部分會對皮膚造成刺激。充分攪拌之後，放在清潔的容器之中，放在冷藏室保存，2週之內使用完畢。

●使用方法●

將乳霜取出放在手裡塗滿臉，輕輕按摩將妝除去。接著用衛生紙或的棉花擦拭，然後以香皂洗臉。

※習慣之後可以參照p34「乳霜製作基本與重點」製作

●材料● (約1週份)

檸檬汁……………2大匙
甘油………………1大匙
葡萄子油…………2大匙
橄欖油……………1大匙
甜杏仁油…………1大匙
乳化蠟……………1大匙
★精油：
檸檬………………5滴
杜松………………5滴

自製化妝品所使用的道具

善用身邊所擁有的道具 現在馬上開始製作！

製作化妝品不需要特別的道具。平常料理用的量匙或量杯以及橡皮刮刀等等(使用較窄的比較方便)攪拌用的湯匙、以及秤和鍋子。

不靈活的人 也可以做得很好

乳霜類的配方中出現過1/8小匙，「這樣大概就是1/8小匙了」，像這樣憑感覺就可以，其實製作手製化妝品的時候份量略有不同也無所謂，並不會因為些微的差距而造成失敗。最近出現了如照片中小至1/8匙的計量匙。如果能夠買到會非常方便。

如果有就會很方便

想要製作乳霜的人必須要有料理用的溫度計。超市或點心用具、料理用具專賣店中就有出售。另外一項值得推薦的工具，就是調醬料用的小型打蛋器。手製化妝品以少量製作為原則，而乳霜類最重要的訣竅就是攪拌，這是非常有用的道具。在超市或點心用具、料理用具專賣店中可以找到。茶過濾器，則是用於過濾乾香草時使用。製作乳霜的時候使用的耐熱容器以馬克杯為宜。特點是有把手，隔水加熱或是攪拌時都容易操作，而且內容物也不容易冷卻。請準備兩個。唇膏的材料會黏在容器上，所以要配合少量而準備30～50ml的小燒杯以避免浪費。可以在精油專賣店或是化工用品販賣店購買。

道具也要進行消毒(p.20)

材料的種類與說明參照p.64～50，參考網站p.122、123。

如何磨成粉?

乾香草、燕麥、杏仁粒要如何磨成粉狀呢，可以利用咖啡磨豆機或食物調理機等粉碎器。特別是乾香草，比較適合用磨豆機，不過，雖然要多花一點時間，用磨缽或是乳缽也可以少量的磨成粉。

STEP 2

收斂、保濕

化妝水 | LOTION　選擇適合效果

香草水
herbal water

利用芳香晶露做成化妝水
選擇適合自己的效果與香味
不只臉，也可以用於身體

配合自己的肌膚，選擇適合的芳香晶露與精油。可以期待芳香療法的效果，全身都可以使用。作法→p.16

化妝水 | LOTION 預防粗糙

蘋果化妝水

apple essence

紅蘋果是嚴冬的救世主
讓乾燥的肌膚變成光滑
甘美甜香令人陶醉

首先對香味感動，
對使用時的感覺、效果感動，
利用到處能取得的蘋果素材，
能消除皮膚的煩惱，充分溼潤皮膚。
作法→p.16

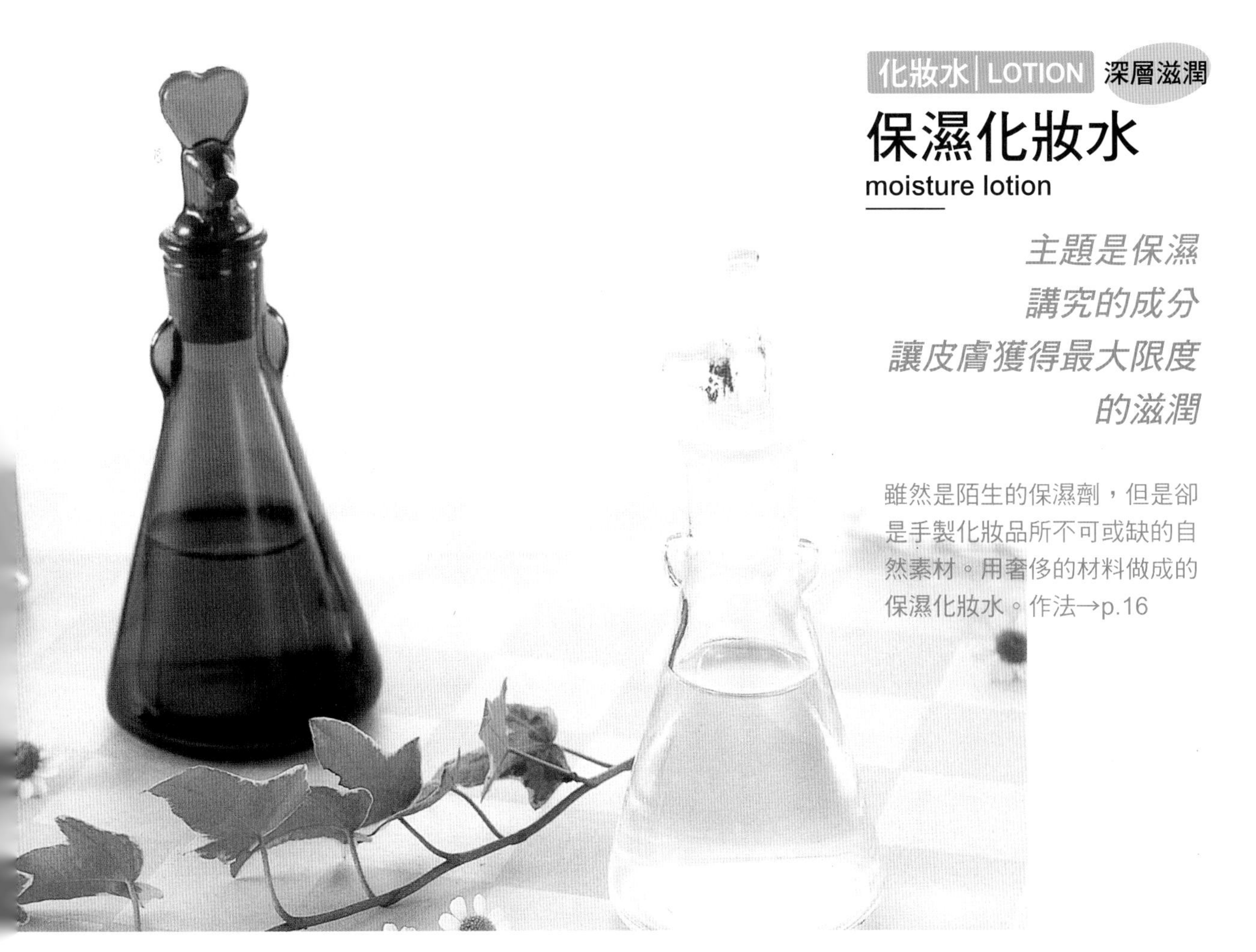

化妝水 | LOTION 深層滋潤

保濕化妝水

moisture lotion

主題是保濕
講究的成分
讓皮膚獲得最大限度
的滋潤

雖然是陌生的保濕劑，但是卻是手製化妝品所不可或缺的自然素材。用奢侈的材料做成的保濕化妝水。作法→p.16

香草水 (p.14) 作法

1
在為了保存化妝水而準備的容器中放入甘油。

2
接著加上精油，搖晃容器與甘油混和。

3
加入芳香晶露水，蓋上容器的蓋子充分搖晃。

●使用方法●
精油容易分離，所以使用時要充分的搖晃容器，用棉花沾取拍在臉上。頭髮與身體都可以使用。利用噴式容器使用比較容易。

●材料● (約1週份)
芳香晶露…………100cc
甘油……………1/2小匙
精油……………………5滴

蘋果化妝水 (p.15) 作法

1
皮果去皮切薄片。因為種子有弱毒性，所以要將心全部除掉。

2
鍋子放蘋果與RO純水用中火加熱，沸騰之後離火。

3
放在鍋子放涼。完全冷卻之後用紙巾過濾。裝入清潔的容器中放在冷藏庫保存，約2周左右使用完畢。

●使用方法●
用棉花或手沾取拍在洗臉後的肌膚上。
※蘋果不分種類，煮過後的蘋果可以用於料理或點心。

●材料● (約1週份)
RO純水…………150cc
蘋果………………1/3個

保濕化妝水 (p.15) 作法

1
在為了保存化妝水而準備的容器中放入所有材料。

2
充分搖晃容器使材料混和。

●使用方法●
精油容易分離，所以使用時要充分的搖晃容器，用棉花或手沾取拍在臉上。覺得不夠滋潤的時候，可以增加1小匙的甜菜鹼。
※精油可以依自己的需要而選擇。請參照 p64～

●材料● (約1週份)
RO純水…………60cc
蘆薈膠…………40cc
甜菜鹼………1/2小匙
精油……………………5滴

◆甜菜鹼和甘油一樣屬於保濕劑。參照 p51

◆精油參照p64～，其他材料p46－52。

Make Good Use of Powerful Herb!

用香草的力量讓自己更美！

天然香草給予的溫柔芳香水

清澈通透的美麗水。讓人回憶的香味，自然清爽的香氣迷人，恐怕有不少的人因為被芳香晶露水所擄獲，開始投入於芳香療法。香味當然是天然的，芳香植物抽提出精油的時候，採用的是水蒸氣蒸餾法，從蒸氣中可以採取到油和水，上浮的油就是精油，底下的水就是芳香晶露。和精油含有相同的成分，香味與效果也不遜色。芳香晶露水可以說是精油的一項副產品。

芳香晶露

令人喜悅效果十足的芳香晶露

因為是與精油一起被抽提出來的，所以芳香晶露水也有各種種類。介紹其中具有高美容效果的。

◆金縷梅花水

收斂效果高，可以抑制皮脂的分泌，可以用作油性肌膚或是夏天用的化妝水。具有止血作用，也可作為男性刮鬍水。

◆橙花晶露

是以高價的而聞名的橙花油抽提時所剩下的芳香晶露水。可以促進皮膚新陳代謝，給予滋潤，所以介意皮膚粗糙時很有效。

◆洋甘菊花水

適合敏感肌膚。可以預防發癢、發炎、青春痘使肌膚細緻。香味也可以使心情陳靜。

◆薰衣草花水

具有殺菌效果，調整皮脂的分泌，可以作為預防青春痘與油性皮膚的化妝水，對於日曬的皮膚也很有效。

◆玫瑰花水

收斂效果高，保持所有肌膚的良好狀態。可以預防細紋與鬆弛，防止老化。

◆迷迭香花水

給予成熟肌膚活力，保持年輕。清涼的使用感十分引人。

※上述是比較容易得到的芳香晶露。

採納於日常生活中

比精油廉價。可以直接接觸皮膚，又可以期待相同效果的芳香晶露。實際上也廣泛的運用在各種層面上。

例如把薰衣草噴在身上當作是防蟲液。而且具有安眠效果，可以當作室內芳香劑使用。

可以恢復青春的迷迭香花水，可以預防頭皮屑，所以也能當護髮劑使用，另外噴在肌肉痛、關節炎、疲倦的部位。有緩和疼痛的效果。

了解各種芳香晶露的特長，將適合自己的用最自然的方式採納於生活之中。

因為不是一般的水使用時請多加留意

芳香晶露是天然的產物，可以用於臉、頭髮全身的各個部位，但是，製品中會含有防腐劑等之不純物。對於肌膚敏感的人，或是容易過敏的人而言，最好在皮膚不明顯的部位先進行皮膚接觸測試，並且用RO純水稀釋過後使用。

芳香晶露不能保存太久。使用期限則因製品而不同。購買時請先向商家確認。開封後要冷藏保存，並儘快使用完畢。

※芳香晶露又稱花水，一般包含將精油與天然水混合而成的，即便有效，也並非芳香晶露，購買時請先確認。

化妝水 | LOTION 依效果選擇

香草茶化妝水

herb tea lotion

利用香草的力量調整肌膚
作法簡單卻有讓人
雀躍的即效性

可以在喝花草茶時順便準備，追求香草的美膚效果，會讓人欲罷不能。作法→p.20

化妝水 | LOTION 日曬後的保養

小黃瓜化妝水

cucumber essence

可以讓日曬後的問題
不會留在肌膚上

用夏天的蔬菜保護夏天的肌膚。在因為肌膚受到日曬而後悔之前，儘早加以調養，預防褐斑、雀斑的出現。作法→p.21

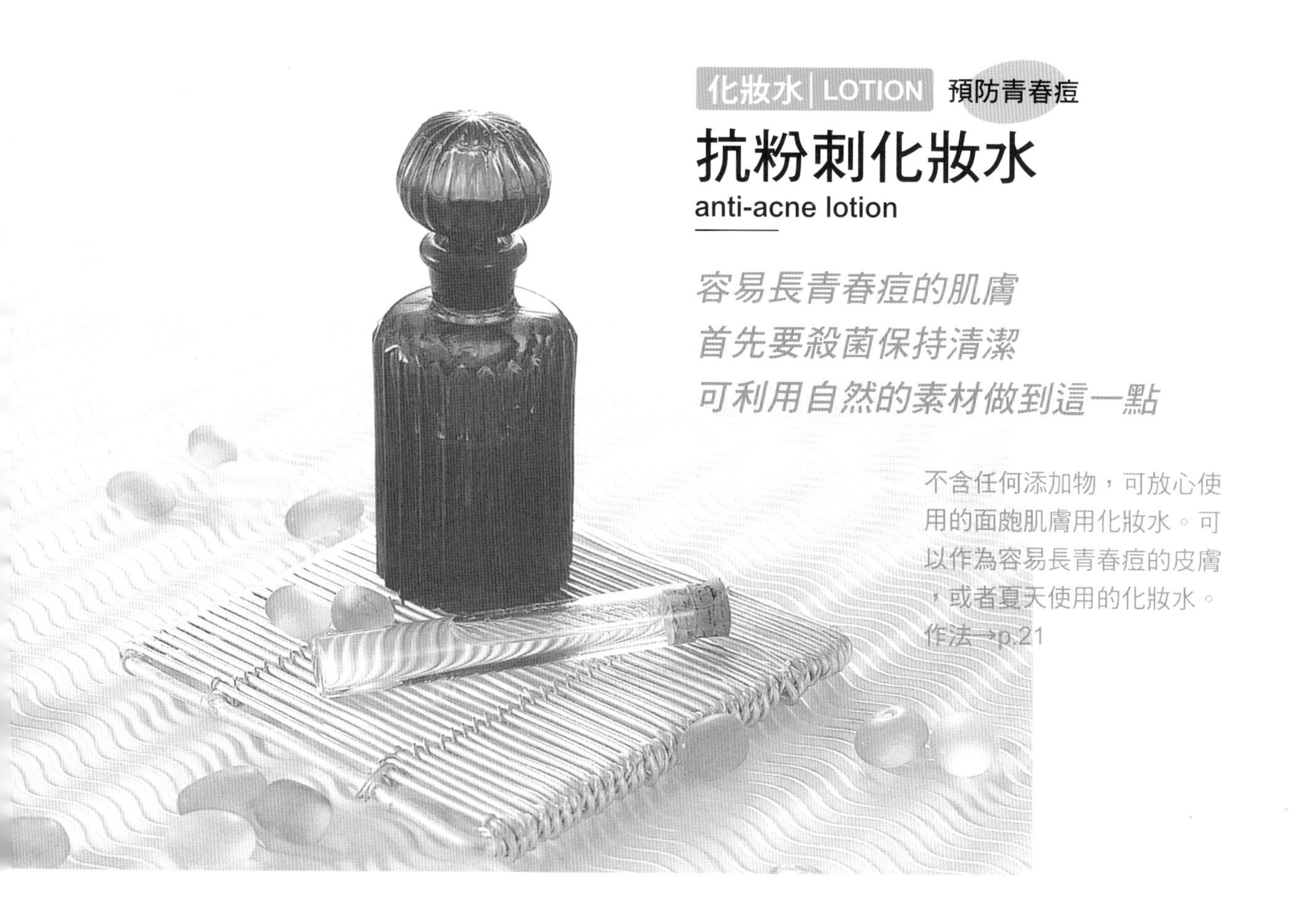

化妝水 | LOTION　預防青春痘

抗粉刺化妝水

anti-acne lotion

容易長青春痘的肌膚
首先要殺菌保持清潔
可利用自然的素材做到這一點

不含任何添加物，可放心使用的面皰肌膚用化妝水。可以作為容易長青春痘的皮膚，或者夏天使用的化妝水。
作法→p.21

收斂

醋收斂水

vinegary astringent lotion

可以調整皮膚的p h 值
加入醋的化妝水
可以使皮膚光滑

醋也是手製化妝水不可或缺的一項材料。可以使皮膚收斂柔軟。使用後就能發現效果有多驚人。
作法→p.21

配方 RECIPE

香草茶化妝水 (p.18) 作法

1

小鍋中加入RO純水點火煮沸。

2

沸騰之後熄火，加入乾香草輕輕攪拌。

3

立刻加蓋，直接放置冷卻。

4

完全冷卻之後用紙巾過濾，最後小心不要弄破紙巾的絞擰香草，將其中的精華擠出。

5

加入甘油均勻混和，倒入清潔的容器之中，放在冷藏室保存，2週之內使用完畢。

●使用方法●

用棉花或手沾取拍在洗臉後的肌膚上。全身都可以使用。

※乾香草可選擇適合自己需要的。請參照p22～

※絞擰過的乾香草約為100cc。

●材料● (約1週份)

RO純水…………120cc
乾香草……………3小匙
甘油……………1/2小匙

◆照片中的化妝水使用的是紫羅蘭的乾香草。

即使沒有防腐劑手製化妝品也可以長期保存！
將容器徹底消毒

原則上，手製化妝品是少量製作放置冷藏室中保存，所以會出現不小心腐敗的情況，應該在製作的過程之中小心謹慎。發出異臭或是長出黴菌實在是一件令人不快的事情。在這裡要做的就是保存容器的消毒。要將完成的化妝品裝入之前，用消毒酒精消毒即可。非常的簡單，請一定要實行。可以延長化妝品的使用期限。※不止容器，道具的消毒也很重要。

1 瓶類、唇膏管

加入少量酒精充分搖晃

容器中份入1/5量的消毒用酒精，充分搖晃使瓶內可以全部沾上酒精。護唇膏用的唇膏管也是一樣。使用過的酒精，一樣可以用來消毒其他的容器。但是，使用過的酒精不可以倒回酒精的瓶子裡。

※消毒用酒精與無水酒精只是濃度不同而已，兩者都可以用來進行消毒。藥局即可買到。

※進行消毒之前要先洗淨自己的手。

※本書並不推薦天然防腐劑的使用，如果有興趣的人請參照p52的情報，並請自行負責。

2 噴瓶

放入酒精後噴出

噴瓶則是和1一樣裝入酒精，充分搖動之後按噴鈕噴出，將管子也一起消毒。如果有蓋子，要連蓋子也噴過。

3 乳霜類容器

用沾了酒精的衛生紙擦拭

乳霜類的容器，用衛生紙或棉花沾酒精擦拭。蓋子的內側也別忘了。

4 玻璃瓶或是容器

煮沸

玻璃製的瓶子或容器，要放在熱水中煮沸消毒。沸騰之後轉小火，轉動其中的容器，避免兩個合在一起。容器的蓋子等塑膠製品不要煮沸，以3的方式擦拭。

小黃瓜化妝水 (p.18) 作法

1

小黃瓜削皮磨泥，用紙巾等壓擠過濾，做成50cc。

2

加入RO純水與藥用酒精充分攪拌。裝入清潔的容器之中，放在冷藏室保存，2週之內使用完畢。

●使用方法●

用棉花或手沾取拍在洗臉後的肌膚上。

※藥用酒精的加入是作為防腐劑使用，也可以不加。不加的時候必須盡快使用完畢。

※照片中的化妝水綠色部分較強，是因為留了少許的小黃瓜皮。皮的部分帶有強烈的刺激，實際製作的時候最好能削乾淨。

●材料● (約1週份)

RO純水……………50cc

黃瓜榨汁…………50cc

藥用酒精…………1小匙

抗粉刺化妝水 (p.19) 作法

1

在為了保存化妝水而準備的清潔容器中放入金縷梅花水、精油。

2

充分搖晃容器使材料混和後，加入RO純水在充分搖動。放在冷藏室保存，2週之內使用完畢。

●使用方法●

精油容易分離，所以使用時要充分的搖晃容器，用棉花或手沾取拍在洗臉後的清潔肌膚上。介意的地方可以多拍幾次。

※金縷梅花水是芳香晶露水的一種。如果買不到，也可以用100cc的RO純水製作。

●材料● (約1週份)

RO純水……………90cc

金縷梅花水………2小匙

★精油

茶樹…………………5滴

檸檬香茅……………3滴

或是

薰衣草………………4滴

天竺葵………………4滴

醋收斂水 (p.19) 作法

1

在為了保存化妝水而準備的容器中放入所有材料，充分搖晃混和。

●使用方法●

用棉花或手沾取拍在肌膚上。

※使用浸過香草的「香草醋」效果更佳(參照p116的潤絲醋)。選擇自己喜歡的香草使用。參照p60～的記載。

※也可以在醋裡加上精油代替使用。在份量中加上3－8滴。加入的精油，請參照p64，選擇自己喜歡的。加入精油的時候，使用前請充分搖晃容器。

●材料● (約1週份)

蘋果酒醋…………1大匙

RO純水…………85cc

甘油……………1/2小匙

➧芳香晶露參照p17，乾香草p22～與p60～，精油參照p64～，其他材料p46－52。

Make Good Use of Powerful Herb!

利用香草使肌膚更加美麗！

防止肌膚老化，解除問題 可以感受到效果而使人喜悅的金黃色美膚精華

香草化妝水

一提到香草，就會有安祥、溫馨、溫暖等印象出現，實際上也蘊含著驚人的強大力量。主要是防止老化的作用，此外，還可以抵抗外來刺激。更使人高興的是，香草是從身體內至外都可以產生作用。將這些香草的力量濃縮而成的金黃色精華——香草茶。不止飲用，也可以活用於肌膚的照顧。

保濕的代表香草

◆玫瑰

能適合每一種肌膚，改善乾燥、皮膚粗糙、褐斑等皮膚問題的萬能香草。使人幸福的香氣，也可以治療疲憊的心。

清爽的代表香草

◆薰衣草

除了肌膚上的髒污，連心靈的髒污也一併除去的香草。調整皮脂分泌，保持肌膚清潔。具有放鬆效果的芳香浴也可兼為夜間的保養用。

預防青春痘的代表香草

◆金縷梅

因可保護肌膚的香草而極受歡迎。有收斂作用，除了預防、治療青春痘之外，也是很好的油性肌膚與夏天用之化妝水。

保濕系列

乾燥失去的不只是水分，還會從皮膚上奪走各種養分。置之不理，小細紋與鬆弛就會越來越明顯。皮膚的緊實與光澤也會消失。使用保濕系的香草就可以找回年輕肌膚。

◆小紫蘿蘭（藍錦葵）

效果　保濕、美白、防止老化

◆蕁麻

效果　防止肌膚粗糙、調整肌膚

◆菩提葉

效果　保濕、除去虛寒、浮腫

◆玫瑰花

效果　防止老化、美白

◆萬壽菊（金盞花）

效果　促進新陳代謝、預防褐斑、暗沉、日曬後的防護等

◆康富利（紫草）

效果　活化細胞

◆問荊（木賊；接骨木草）

效果　預防皺紋、疹子

Make Good Use of Powerful Herb!

利用香草使肌膚更加美麗！

製作香草化妝水

使用的是不含不純物的純水，可在藥房購買。乾香草可以在超市、百貨公司以及專門店中購買，購買時需要考慮到效能的問題。如果沒有另外加入紅茶，也可以使用香草茶包。將香草茶煮濃一點是要訣。※手要徹底清潔後才開始製作。

●材料● (約1週份)

RO純水………120cc

乾香草………1大匙強

1

將香草放入熱水中

小鍋放入RO純水點火煮至沸騰熄火。將乾香草放入輕輕攪拌。

2

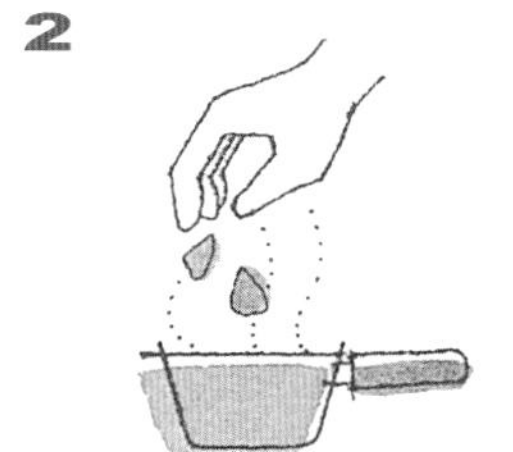

加蓋放置冷卻

鍋子加蓋，放置冷卻。不要一直打開蓋子，更不要加入冷水，強迫冷卻。

3

過濾香草

在計量杯等有注入口的容器(可容納100cc以上)上舖上紙巾，將鍋內的香草倒入過濾。最後絞擰紙巾使精華充分滲出。

4

移入容器

化妝水裝入清潔的容器之中，要提高保濕效果可以加入甜菜鹼、甘油(參照p51)、蜂蜜等保濕劑充分混和。份量的基準為1/2～1小匙。

※可以的話放在冷藏室保存，趁1～2週之內依然新鮮的時候用完。

清爽系列

這是對油性肌膚會是燠熱的酷暑很有效果的香草。不會過度去除油脂，保持正常的分泌狀態，使肌膚清爽。可以預防青春痘與脫妝。

◆鼠尾草

效果 緊實、收斂

◆木莓葉

效果 收斂

◆西洋蓍草

效果 改善油性肌膚

困擾時的好幫手！

利用香草化妝水的美容方法

●棉花敷臉

乾燥或皮膚粗糙的時候，可在夜間保養時，用棉花加入滋潤系香草化妝水，洗臉之後，敷在讓自己介意的部位，然後放鬆10分鐘。接著再以平時使用的乳液或乳霜保養，肌膚就會讓人驚喜的滋潤。

●用小冰塊即席除皺

小皺紋明顯，上了妝也不好看的時候，可以用香草茶做成的冰塊應急。製作方式是，將濃香草茶放在製冰盒中冷凍，移至適當容器中保存於冷凍室。然後用衛生紙包住敷在有小皺紋的位置，效果非常好。

STEP 3
保濕、保護

乳液｜MILKY LOTION　充分滋潤

清爽乳液
light milky lotion

酷熱季節或適合油性肌膚的
清爽乳液，能留下滋潤
又清爽的舒適感

因為皮脂分泌旺盛，對於乳霜傷腦筋的人來說是最適合的乳液。金縷梅花水和椰子油的精爽清霜配方，讓使用感更舒適。作法→p.26

乳液｜MILKY LOTION　預防青春痘

抗痘乳液
anti-acne milky lotion

清爽的使用感
預防青春痘與保護肌膚

利用芳香晶露製成的面皰肌膚用乳液。含有具抗菌作用的薰衣草，可抑制雜菌繁殖，保護肌膚清潔。作法→p.27

乳液｜MILKY LOTION　保濕滋潤

保濕乳液

moisture milky lotion

再也不必害怕冬天的乾燥肌膚
保濕成分的滲透
使肌膚漸漸甦醒

不會使肌膚乾燥，而是讓肌膚細緻的保濕乳液。洋甘菊的柔香，還可以發揮芳香療法的效果。作法→p.27

清爽乳液 (p.24) 作法

1

馬克杯等耐熱容器準備兩個，1個放RO純水與金縷梅花水，另一個放入準備好的2種油與乳化臘。

2

鍋子準備熱水轉小火，將兩個容器同時放在鍋子浸熱水。要小心避免熱水跑進容器之中。

3

一面隔水加熱，一面將油類與乳化臘充分攪拌，使臘融入油中。這裡如果攪拌不足就無法完成，所以一定要努力攪拌。

4

等臘完全溶解之後，測量容器內的溫度，確定兩者相同(50～56℃)才從熱水中取出。

5

將RO純水混合液一半倒入油與臘的容器中，充分攪拌。這個時候，不要一口氣將RO純水全部加入，別忘記先留下一半。

6

在5中加入三仙膠，不斷混合至沒有結塊的濃稠狀。

7

分2～3次加入剩下的RO純水混合液，每一次都要均勻混合。用小型打蛋器(參照p13下方的道具)可以比較容易攪拌。

8

偶爾加以攪拌到冷卻為止。

9

冷卻至某種程度後，裝入清潔容器中，如果還感覺得到溫度，不要加蓋，完全冷卻之後放在冷藏室保存，2週之內使用完畢。

●使用方法●

洗臉之後用化妝水調整臉部肌膚，然後溫柔按摩的塗上。

●材料● (約1～2週份)

RO純水……………70cc
金縷梅花水………20cc
超精製椰子油……1大匙
澳洲胡桃油………1小匙
乳化臘……………1小匙
三仙膠……………1/8小匙

※乳霜中所加入的椰子油是化妝品專用的，與超市中販賣當作食材的並不相同，請在化妝品材料專賣店或是郵購購買。

※習慣之後，可以參照下方「乳液製作之基本」而製作。

乳液製作的基本與要點

1…將材料分開放入

耐熱容器準備兩個，1個放「RO純水等水系材料」，另一個放入油類與乳化臘。

水系材料

油類與乳化臘

2…隔水加熱

在鍋中同時隔水加熱。放入油類與乳化臘的的容器充分攪拌，使臘融化，與油充分混合。

※臘溶解之後持續攪拌。均勻混合極為重要。

3…測量各自的溫度

停留在熱水之中，測量兩個容器內的溫度，確定兩者同為50～56℃才從熱水中取出。

4…水系材料倒入一半混合

在油與臘的容器中加入水性材料的一半。

※乳液中水分較多，所以要分兩次加入。一定要先留下一半。重點是必須要不斷的加以攪拌。

5…加入三仙膠

在油與臘的容器中加入少許的合成生物聚合膠，充分攪拌至濃稠狀。

※雖是少量三仙膠，但為避免結塊，還是要小心加入，充分攪拌。

6…加入剩下的水性材料

將剩下的水性材料加入5中。接下來偶爾攪拌使之完全冷卻。

7……裝入容器中保存

裝入清潔消毒過的容器之中，完全冷卻之後加蓋。放在冷藏室保存。

◆芳香晶露參照p17～，精油則是 p.64，其他材料 p.46～52。

抗痘乳液 (p.24) 作法

1

準備兩個馬克杯等耐熱容器，1個放RO純水、薰衣草水、金縷梅花水，另一個放兩種油與乳化臘。

2

鍋子裡準備熱水轉小火，將兩個容器同時放在鍋子裡浸熱水。要小心避免熱水跑進容器之中。

3

一面將油類與乳化臘充分攪拌，使臘融入油中。如果攪拌不足就無法完成，所以一定要努力攪拌。

4

等臘完全溶解之後，測量容器內的溫度，確定兩者相同(50～56℃)才從熱水中取出。

5

RO純水的混合液，留一半慢慢倒入另一個容器中。不要一口氣將RO純水全部加入，別忘記先留下一半。

6

在5中一點點加入少許的三仙膠，持續充分攪拌至濃稠狀。

7

分2～3次將剩下的RO純水混合液加入6中，每一次都要均勻混合。用小型打蛋器(參照p13下方的道具)可以比較容易攪拌。

8

偶爾加以攪拌到冷卻為止。等乳霜完全冷卻之後加入精油，要仔細的攪拌，好讓精油混合均勻。

9

冷卻至某種程度後，裝入清潔的容器之中，如果還感覺得到溫度，不要加蓋，完全冷卻之後放在冷藏室保存，2週之內使用完畢。

●使用方法●

洗臉之後用化妝水調整臉部肌膚，然後溫柔按摩的塗上。

※金縷梅花水是芳香晶露的一種，是比較容易購得的種類。參考p17的記載。

※在習慣之前請參照p26之「乳液製作之基本與重點」製作。

●材料● (約1～2週份)

RO純水……………30cc
薰衣草水…………30cc
金縷梅花水………30cc
荷荷芭油…………1大匙
蘆薈油……………1小匙
乳化臘……………1小匙
三仙膠…………1/8小匙
★精油
天竺葵………………6滴
薰衣草………………3滴

保濕乳液 (p.25) 作法

1

馬克杯等耐熱容器準備兩個，1個放RO純水、洋甘菊水，另一個放入包含芒果脂等三種油與乳化臘。

2

鍋子準備熱水轉小火，將兩個容器同時放在鍋子浸熱水。要小心避免熱水跑進容器之中。

3

一面將油類與乳化臘充分攪拌，使臘融入油中。這裡如果攪拌不足就無法完成，所以一定要努力攪拌。

4

等臘完全溶解之後，測量容器內的溫度，確定兩者相同(50～56℃)才從熱水中取出。

5

RO純水的混合液，留一半慢慢倒入另一個容器中。不要一口氣將RO純水全部加入，別忘記先留下一半。

6

在5中一點點加入少許的三仙膠，持續充分攪拌至濃稠狀。

7

分2～3次將剩下的RO純水混合液加入6中，每一次都要均勻混合。用小型打蛋器(參照p13下方的道具)可以比較容易攪拌。

8

偶爾加以攪拌到冷卻為止。

9

冷卻至某種程度後，裝入清潔的容器之中，如果還感覺得到溫度，不要加蓋，完全冷卻之後放在冷藏室保存，兩週之內使用完畢。

●使用方法●

洗臉之後用化妝水調整臉部肌膚，然後溫柔按摩的塗上。

※在習慣之前請參照p26之「乳液製作之基本與重點」製作。

●材料● (約1～2週份)

RO純水……………50cc
西洋甘菊水………30cc
酪梨油……………1大匙
荷荷芭油…………1小匙
乳化臘……………1小匙
三仙膠…………1/8小匙

緊實

迷迭香緊實霜

rosemary firming cream

防止肌膚鬆弛
迷迭香配方乳霜
的效果超群

雖然不如市售乳霜般具有即效性，持續使用，就有自然材料才會出現的舒適感觸！
作法→p.30

乳霜 | FACE CREAM　清爽保濕

清爽日霜

daily light cream

白天使用也不油膩
清爽而舒適
又具滋潤效果

打破手至乳霜過於油膩的劃時代性乳霜配方。讓油性肌膚也可以獲得滋潤。
作法→p.30

防止日曬

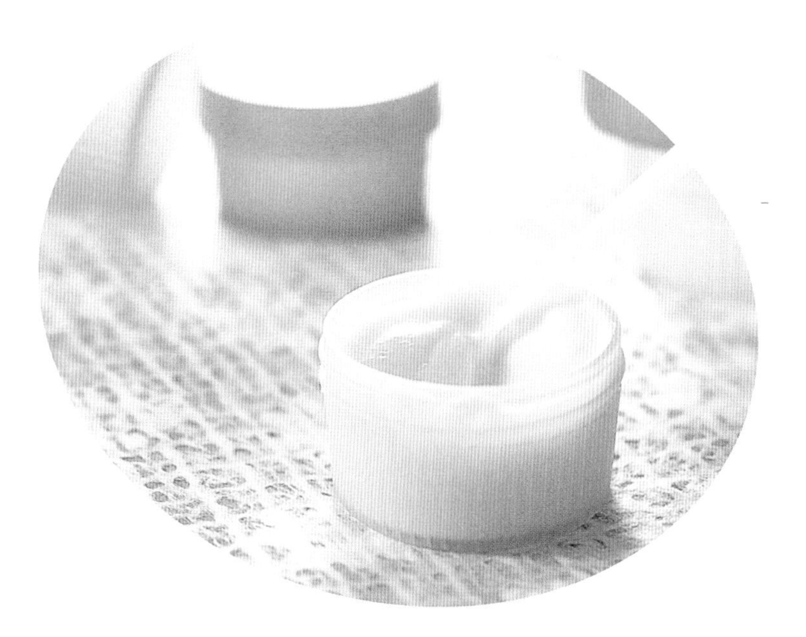

防曬乳霜

sun-screen cream

如果在意紫外線
可以當作化妝的粉底
成為防止日曬的乳霜

只有夏天防曬是不夠的。紫外線一年四季都存在著。在塗上粉底之前，先在臉上薄薄的塗上一層。作法→p.31

乳霜 | FACE CREAM

緊實

香草保濕霜

herbal moisture cream

戰勝乾燥的肌膚
深入滋潤的秘密
在於香草之精華

要對抗稱之為乾燥的外敵，需要香草的協助。還可以兼做夜間的按摩。→p.31

迷迭香緊實霜 (p.28) 作法

1

馬克杯等耐熱容器準備兩個，1個放迷迭香花水，另一個放入三種油與乳化臘。

2

鍋子裡準備熱水轉小火，將兩個容器同時放在鍋子裡浸熱水。要小心避免熱水跑進容器之中。

3

一面將油類與乳化臘充分攪拌，使臘融入油中。在此充分攪拌混和是重點。

4

等臘完全溶解之後，測量容器內的溫度，確定兩者相同(50～60℃)才從熱水中取出。

5

將迷迭香花水，慢慢一點點倒入油與臘的容器中，在變成濃稠之前要不斷攪拌。

6

為了避免結塊，在5中一點點加入少許的三仙膠，持續充分攪拌至濃稠狀。在這裡混合完全是最重要的訣竅。

7

不斷持續混合直至冷卻。

8

等乳霜完全冷卻之後加入精油，要仔細的攪拌，好讓精油混合均勻。這裡如果攪拌不足。精油濃度較高的部分會對皮膚造成刺激。

9

確認完全冷卻後蓋上蓋子，裝入清潔的容器之中，放在冷藏室保存，一個月之內使用完畢。

●使用方法●

洗臉之後用化妝水調整臉部肌膚，然後溫柔按摩的塗上。可使用於全身。剛洗完澡使用效果最佳。

※參照p34之「乳霜製作之基本與重點」。

●材料● (約2～3週份)

迷迭香花水………35cc
荷荷芭油…………2小匙
聖約翰草油………2小匙
蘆薈油……………1小匙
乳化臘…………3/4小匙
三仙膠…………1/8小匙
★精油
迷迭香……………3滴
肉桂葉……………3滴

清爽日霜 (p.28) 作法

1

馬克杯等耐熱容器準備兩個，1個放RO純水和蘆薈膠，另一個放入4種油與乳化臘。

2

鍋子裡準備熱水轉小火，將兩個容器同時放在鍋子裡浸熱水。要小心避免熱水跑進容器之中。

3

一面將油類與乳化臘充分攪拌，使臘融入油中。這裡如果攪拌不足就無法完成，所以一定要努力攪拌。

4

等臘完全溶解之後，測量容器內的溫度，確定兩者相同(50～60℃)才從熱水中取出。

5

RO純水的混合液，慢慢少許的倒入另一個容器中。持續充分的攪拌。

6

避免結塊，在5中一點點加入少許的三仙膠，持續充分攪拌至濃稠狀。持續仔細的混合適完成的訣竅。

7

偶爾加以攪拌到冷卻為止。

8

冷卻至某種程度後，裝入清潔的容器之中，如果還感覺得到溫度，不要加蓋，完全冷卻之後加蓋放在冷藏室保存，2週之內使用完畢。

●使用方法●

洗臉之後用化妝水調整臉部肌膚，然後溫柔的用兩手按摩般將乳霜推開。因為不黏膩，所以白天或化妝前也可以使用。

※乳霜中所加入的超精製椰子油是化妝品專用的，與超市中販賣當作食材的並不相同，請在化妝品材料專賣店或是郵購購買。

※在習慣之前請參照p34之「乳霜製作之基本與重點」製作。

●材料● (約1～2週份)

RO純水……………2大匙
蘆薈膠……………1小匙
甜杏仁油…………2小匙
超精製椰子油……1小匙
葡萄籽油………1/2小匙
維他命E油………1/2小匙
乳化臘……………1小匙
三仙膠…………1/8小匙

防曬乳霜 (p.29) 作法

1
馬克杯等耐熱容器準備兩個，1個放薰衣草水20cc和蘆薈膠，另一個放入四種油與乳化臘。

2
鍋子裡準備熱水轉小火，將兩個容器同時放在鍋子裡浸熱水。要小心避免熱水跑進容器之中。

3
一面將油類與乳化臘充分攪拌，使臘融入油中。如果攪拌不足就無法完成，所以一定要努力攪拌。

4
等臘完全溶解之後，測量容器內的溫度，確定兩者相同(50～60℃)才從熱水中取出。

5
薰衣草與蘆薈膠的混合液，一邊慢慢少許的倒入另一個容器中，一邊持續充分的攪拌。

6
避免結塊，在5中一點點加入少許的三仙膠，持續充分攪拌至濃稠狀，如果混合不足會使之分散。

7
將剩下的薰衣草水10cc裡，加入二氧化鈦或氧化鋅，加入6中充分攪拌。

8
偶爾持續混合使之冷卻。

9
冷卻至某種程度後，裝入清潔的容器之中，如果還感覺得到溫度，不要加蓋，完全冷卻之後加蓋放在冷藏室保存，1個月之內使用完畢。

●使用方法●

洗臉後用化妝水調整臉部肌膚，然後淡淡的塗一層在臉上。具有極高的防止日曬效果，在紫外線強的季節中可當做粉底使用。

※二氧化鈦與氧化鋅是紫外線防止劑。使用任何一種都可以，也可以兩者並用。

●材料● (約2～3週份)

薰衣草水…………30cc
(分成20cc與10cc)
蘆薈膠……………1小匙
荷荷芭油…………2小匙
鴯鶓油……………1小匙
乳遊木果脂……1/2小匙
月見草油………1/2小匙
乳化臘……………1小匙
三仙膠…………1/8小匙
二氧化鈦或氧化鋅(或是兩種混合)………1/4小匙

※在習慣之前請參照p34之「乳霜製作之基本與重點」製作。

香草保濕霜 (p.29) 作法

1
小鍋放入RO純水點火煮至沸騰熄火。將乾香草3種放入輕輕攪拌。

2
加蓋放置冷卻。冷卻之後將鍋內的香草用紙巾過濾。最後小心不要弄破，絞擰紙巾使精華充分滲出。取用35cc的香草液，如果不足35cc，則加上RO純水至35cc。

3
馬克杯等耐熱容器準備兩個，1個放入2的香草液，另一個放入四種油與乳化臘。

4
鍋子裡準備熱水轉小火，將兩個容器同時放在鍋子裡浸熱水。要小心避免熱水跑進容器之中。

5
一面將油類與乳化臘充分攪拌，使臘融入油中。充足的攪拌是成功的要訣。

6
等臘完全溶解之後，測量容器內的溫度，確定兩者相同(50～60℃)才從熱水中取出。

7
香草液慢慢少許的倒入油與臘的容器中。持續充分的攪拌。

8
避免結塊，在7中一點點加入少許的三仙膠，持續充分攪拌至濃稠狀。如果混合不足將會造成分離。

9
偶爾加以攪拌到冷卻為止。完全冷卻之後裝入清潔的容器之中，加蓋放在冷藏室保存，兩週之內使用完畢。

●使用方法●

晚上洗臉之後用化妝水調整臉部肌膚，然後取用一些在臉上按摩般將乳霜推開。白天可以塗薄一些。

●材料● (約1～2週份)

RO純水……………45cc
★乾香草
康富利……………1小匙
金盞花……………1小匙
蕁麻………………1小匙
澳洲胡桃油………2小匙
甜杏仁油…………2小匙
蓖麻油…………1/2小匙
月見草油………1/2小匙
乳化臘…………2/3小匙
三仙膠…………1/8小匙

◆月見草油即是evening-primrose oil

※在習慣之前請參照p34之「乳霜製作之基本與重點」製作。

◆芳香晶露參照 p.17，乾香草 p.22～與 p.60～，精油參照 p.64～，其他材料 p.46~52。

乳霜 | FACE CREAM　保濕滋潤

保濕面霜
perfect moisture cream

含有適合
成人乾燥肌膚的
保濕成分

完整而考究的保濕成分，適合乾燥的肌膚。是為了重要肌膚親手做的上品。

作法→p.34

乳霜 | FACE CREAM　美白

美白乳霜
whitening cream

預防褐斑、雀斑
創造有透明感肌膚的
美白乳霜

為了美膚而加入了多種含有豐富營養成分的油。持續使用可以調整肌膚顏色。開始擔心褐斑的人可以試試看。

作法→p.35

乳霜 | FACE CREAM

保濕滋潤

保濕晚霜

moisture night cream

高保濕效果的晚霜
可以在睡眠期間
讓肌膚細緻

睡眠是輸送養分的絕佳時機。仔細的按摩後睡眠，早上洗完臉就會光滑細膩了。作法→p.35

保濕面霜 (p.32)

作法

1
馬克杯等耐熱容器準備兩個，1個放橙花水和蘆薈膠，另一個放入三種油與乳化臘。

2
鍋子裡準備熱水轉小火，將兩個容器同時放在鍋子裡浸熱水。要小心避免熱水跑進容器之中。

3
一面將油類與乳化臘充分攪拌，使臘融入油中。這裡如果攪拌不足就無法完成，一定要努力攪拌。

4
等臘完全溶解之後，測量容器內的溫度，確定兩者相同(50～60℃)才從熱水中取出。

5
橙花水與蘆薈膠的混合液，慢慢少許的倒入油與臘容器中。持續充分的攪拌。

6
避免結塊，在5中一點點加入少許的三仙膠，持續充分攪拌至濃稠狀。如果沒有持續的混合，無法完成漂亮的成品。

7
偶爾加以攪拌到冷卻為止。

8
冷卻至某種程度後，加入甜菜鹼均勻攪拌。裝入清潔的容器之中，如果還感覺得到溫度，不要加蓋，完全冷卻之後加蓋放在冷藏室保存，兩週內用完。

●使用方法●

夜間洗臉之後用化妝水調整臉部肌膚，然後稍微取多量一些溫柔的用兩手按摩般將乳霜推開。白天塗少量即可。

※在習慣之前請參照p34之「乳霜製作之基本與重點」製作。

●材料● (約1～2週份)

材料	份量
橙花水	20cc
蘆薈膠	1大匙
酪梨油	2小匙
蘆薈油	2小匙
金盞花油	1小匙
乳化臘	1小匙
三仙膠	1/8小匙
甜菜鹼	1/8小匙

◆甜菜鹼與甘油同為保濕劑 請參照 p51

加入紫外線防止劑

二氧化鈦與氧化鋅等「紫外線防止劑」，加入乳霜中的時機，應該是將一開始隔加熱結束，準備倒入的水形材料留下約2匙左右的份量，加入其中均勻攪拌溶解。然後在乳霜製作的最後階段中(已成為半濃稠狀態)中，在乳霜冷卻之前加入充分混合。

乳霜製作的基本與要點

1…將材料分開

馬克杯等耐熱容器準備兩個，1個放RO純水等「水系材料」，另一個放入「油與乳化臘」。

水系材料　油類與乳化臘

2…隔水加熱

同時在鍋子裡用熱水加熱，一面將油類與乳化臘充分攪拌，使臘融入油中。

※臘溶解之後還要繼續攪拌。充分攪拌是最重要的訣竅。

3…測量各自的溫度

以隔水加熱之狀態，測量容器內的溫度，確定兩者同為50～60℃才從熱水中取出。

4…加入水系材料

RO純水的混合液，倒入油類與乳化臘的容器裡。

※乳霜的水分含量少，所以可以一次加入。充分攪拌是其重點。

5…加入三仙膠

避免結塊，在4中一點點加入少許三仙膠，持續充分攪拌至濃稠。

※雖然三仙膠的量少，但為避免結塊，還是一點點的加入。

6…裝入容器中保存

偶爾加以攪拌。冷卻至某種程度後，裝入清潔的容器之中，完全冷卻之後加蓋放在冷藏室保存。

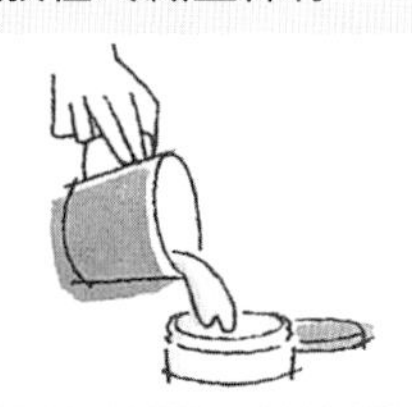

美白乳霜 (p.32) 作法

1
馬克杯等耐熱容器準備兩個，一個放洋甘菊花水，另一個放入四種油與乳化臘。
2
鍋子裡準備熱水轉小火，將兩個容器同時放在鍋子裡浸熱水。要小心避免熱水跑進容器之中。
3
一面將油類與乳化臘充分攪拌，使臘融入油中。這裡的重點是必須要仔細攪拌。
4
等臘完全溶解之後，測量容器內的溫度，確定兩者相同(50～60℃)才從熱水中取出。
5
洋甘菊花水的混合液，慢慢少許的倒入另一個容器中充分的攪拌。
6
避免結塊，在5中一點點加入少許的合成三仙膠，持續充分攪拌至濃稠狀。持續仔細的混合是完成的訣竅。
7
偶爾加以攪拌到冷卻為止。
8
完全冷卻後入精油，如果攪拌不足，精油濃度高的部分會對皮膚造成刺激。
9
裝入清潔的容器之中，確認完全冷卻之後加蓋放在冷藏室保存，一個月之內使用完畢。

●使用方法●
洗臉之後用化妝水調整臉部肌膚，然後溫柔的按摩般將乳霜推開。特別在意的部分可以多加一點。
※在習慣之前請參照p34之「乳霜製作之基本與重點」製作。

●材料● (約2～3週份)
洋甘菊花水…………35cc
荷荷芭油…………1大匙
玫瑰果油…………1小匙
鴯鶓油…………1/2小匙
維他命E油…………1/2小匙
乳化臘…………2/3~1小匙
三仙膠…………1/8小匙
★精油
茴香…………3滴
檸檬…………2滴

保濕晚霜 (p.33) 作法

1
馬克杯等耐熱容器準備兩個，一個放RO純水，另一個放入包含芒果脂、羊毛脂在內的三種油與乳化臘。
2
鍋子裡準備熱水轉小火，將兩個容器同時放在鍋子裡浸熱水。要小心避免熱水跑進容器之中。
3
一面將油類與乳化臘充分攪拌，使臘融入油中。這裡的重點是必須要仔細攪拌。
4
等臘完全溶解之後，測量容器內的溫度，確定兩者相同(50～60℃)才從熱水中取出。
5
洋甘菊花水混合液，慢慢少許倒入另一個容器中5分鐘內不停的充分攪拌，攪拌不夠會造成分離。
6
開始攪拌後經過5分鐘，可以間歇性的休息，一直攪拌到變成濃稠為止。
7
偶爾加以攪拌到冷卻為止。完全冷卻之後入精油，充分攪拌。如果攪拌不足，精油濃度高的部分會對皮膚造成刺激。之「乳霜製作之基本與重點」製作。
8
裝入清潔的容器之中，確認完全冷卻之後加蓋放在冷藏室保存，一個月之內使用完畢。

●使用方法●
夜晚洗臉後用化妝水調整臉部肌膚，稍微多取用一些按摩般塗在臉部全體。
※在習慣之前請參照p34之「乳霜製作之基本與重點」製作。

●材料● (約1～2週份)
RO純水…………35cc
荷荷芭油…………2小匙
乳油木果脂或芒果脂…………2小匙
小麥胚芽油…………1小匙
羊毛脂…………1/2小匙
乳化臘…………1/2小匙
★精油
玫瑰草…………3滴

◆芳香晶露參照 p.17，乾香草 p.22～與 p.60～，精油參照 p.64～，其他材料 p.46~52。

STEP 4
集中修護

特別調理｜SPECIAL TREATMENT

預防暗沉黑眼圈

美白乳液
brighten up lotion

介意暗沉時
每日集中修護
就可重獲明亮的肌膚

覺得面色不佳或粉底太白的時候，香草精華配方的乳霜可以找回原來美麗的膚色。

作法→p.38

特別調理｜SPECIAL TREATMENT

明亮的眼眸

唇眸修護油
treatment oil

覺得表情疲倦時
休息之前的修護油
可以找回年輕神采

這是眼睛或嘴唇等細膩部分專用的油性美容液。用指尖輕輕按摩，可以有滲透肌膚的效果。

作法→p.38

特別調理 | SPECIAL TREATMENT　預防細紋

防皺乳霜

wrinkle treatment cream

預防年齡與乾燥形成的
眼部、口部小細紋
讓表情更豐富

荷荷芭油、琉璃苣油、維他命E油、酪梨油，可以期待效果之材料的大集合。
作法→p.39

美白乳液 (p.36) 作法

1

小鍋放入RO純水點火煮至沸騰熄火。將乾香草三種放入輕輕攪拌。

2

加蓋放置冷卻。冷卻之後將鍋內的香草用紙巾過濾。最後小心不要弄破，絞擰紙巾使精華充分滲出。取用50cc的香草液，如果不足50cc，則加上RO純水至50cc。

3

馬克杯等耐熱容器準備兩個，一個放入2的香草液，另一個放入四種油與乳化臘。

4

鍋子裡準備熱水轉小火，將兩個容器同時放在鍋子裡浸熱水。要小心避免熱水跑進容器之中。

5

一面將油類與乳化臘充分攪拌，使臘融入油中。攪拌不足無法完成成品。

6

等臘完全溶解之後，測量容器內的溫度，確定兩者相同(50～56℃)才從熱水中取出。

7

香草液的一半慢慢少許的倒入油與臘的容器中。持續充分的攪拌。不要一口氣將RO純水全部加入，別忘記先留下一半。

8

避免結塊，在7中一點點加入少許的三仙膠，持續充分攪拌至濃稠狀。

9

偶爾加以攪拌到冷卻為止。完全冷卻之後入精油，小心攪拌不足，精油濃度高的部分會對皮膚造成刺激。裝入清潔的容器之中，加蓋放在冷藏室保存，一個月之內使用完畢。

●使用方法●

晚上洗臉之後用化妝水調整臉部肌膚，然後取用一些在臉上按摩般將乳霜推開。介意的部分可以多塗一些。

※在習慣之前請參照p26之「乳液製作之基本與重點」製作。

●材料● (約2～3週份)

RO純水……………60cc

★乾香草

康富利……………1小匙

洋甘菊……………1小匙

西洋芹……………1小匙

橄欖油……………1小匙

蓖麻油……………1小匙

月見草油…………1小匙

乳化臘…………1/2小匙

三仙膠…………1/8小匙

★精油

快樂鼠尾草…………3滴

洋甘菊………………2滴

◆月見草油即是evening-primrose oil

唇眸修護油 (p.36) 作法

1

以適當的容器將四種油加入。

2

加入精油均勻混合。裝入清潔的容器中保存。油類容易氧化，所以要在一個月內使用完畢。

●使用方法●

精油有時候會分離，所以使用前要將容器搖過。夜間保養的最後，塗在眼睛、嘴唇旁邊，輕輕按摩。

※浸漬油是將香草浸入，以抽提出精華的油類。詳細做法請參照p60～

●材料● (約10次份)

迷迭香浸泡油……1大匙

蓖麻油……………2小匙

月見草油………1/2小匙

★精油

花梨木………………2滴

迷迭香………………1滴

◆月見草油即是evening-primrose oil。

◆芳香晶露參照 p.17，乾香草 p.22～與 p.60～，精油參照 p.64～，其他材料 p.46～52。

防皺乳霜 (p.37) 作法

1

馬克杯等耐熱容器準備兩個，一個放玫瑰水與甘油，另一個放入酪梨油等4種油與乳化臘。

2

鍋子裡準備熱水轉小火，將兩個容器同時放在鍋子裡浸熱水。要小心避免熱水跑進容器之中。

3

一面隔水加熱，一面將油類與乳化臘充分攪拌，使臘融入油中。這個步驟必須小心攪拌才能完成。

4

等臘完全溶解之後，測量容器內的溫度，確定兩者相同(50～60℃)才從熱水中取出。

5

將玫瑰水一點點的加入油與臘的容器中，充分攪拌，接下來的5分鐘要持續不斷的攪拌，攪拌不足，所以導致油類分離。

6

開始混合經過5分鐘之後，可以偶爾停止，要持續攪拌到濃稠狀態。

7

不時的攪拌使之冷卻。完全冷卻之後加入精油，充分混合攪拌。這裡如果攪拌不足。精油濃度較高的部分會對皮膚造成刺激。

8

裝入清潔的容器之中，完全冷卻之後加蓋。放在冷藏室保存，1個月之內使用完畢。

●使用方法●

早晚保養的最後用手指沾少量，塗抹眼睛、口等部位，指尖輕拍。因為乾燥而小細紋明顯的部分，最好多塗一些。

※請參照p.34之「乳霜製作之基本與重點」製作。

●材料● (約2～3週份)

玫瑰水……………35cc
荷荷芭油…………2小匙
琉璃苣……………1小匙
酪梨油……………1大匙
維他命E油………1/2小匙
卵磷脂…………1/2小匙
乳化臘……………1小匙
★精油
乳香……………………3滴
檀香……………………3滴

◆酪梨油可用郵購購得。

香草液的作法

1…煮沸RO純水

小鍋放入RO純水點火煮至沸騰熄火。

※因為RO純水的量及少，所以盡可能用小鍋子。

2…加入乾香草

將乾香草三種放入輕輕攪拌。

3…加蓋放涼

加蓋放置冷卻。

4…用紙巾過濾

將燒杯或計量杯上面蓋著紙巾，過濾鍋內的香草。

5…擠出精華

最後絞擰紙巾使精華充分滲出。

6…不足份加上RO純水

取用需要份量的香草液，如果不足則加上RO純水至需要的份量。

※為了避免加入過多RO純水，要小心的添加。

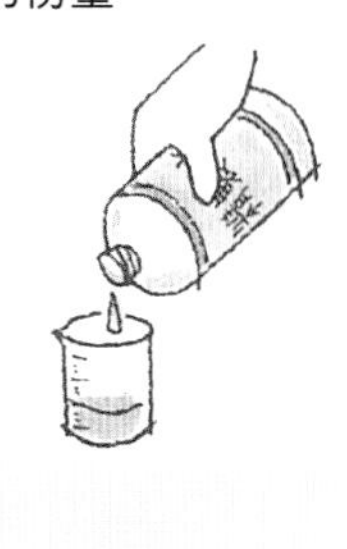

精油的加法

●先混合均勻

混合兩種以上精油時，要先將精油在其他容器中攪拌，使之融合。

●冷卻後加入

乳液或乳霜充分冷卻後加入。如果濃度不均會對皮膚造成刺激，所以要均勻的攪拌。

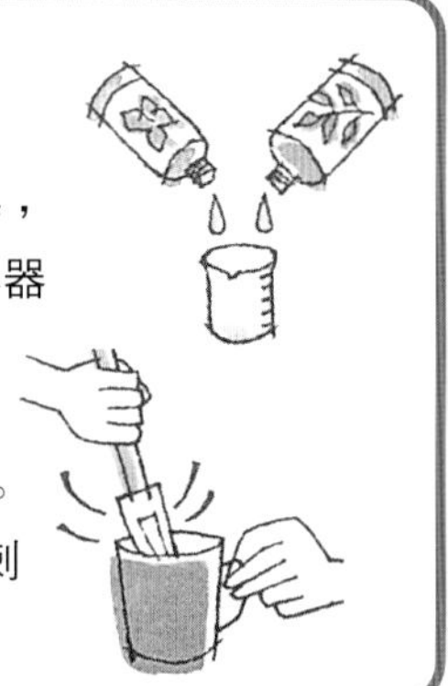

特別調理｜SPECIAL TREATMENT　美白

虎耳草乳霜
special whitening lotion

究極美白成分的虎耳草精華配方
可以期待香草力量的相乘效果

利用東西香草絕妙平衡製作成的美白乳霜，早晚使用，具有美白功效。作法→p.42

特別調理 | SPECIAL TREATMENT

容易上妝的肌膚

收斂乳霜

smoothing face cream

使毛孔縮小
成為容易上妝的肌膚

上妝之後還是粗糙的肌膚，
可以利用乳霜收斂毛孔，
使肌膚變得光滑。
作法→p.43

特別調理 | SPECIAL TREATMENT

恢復青春

強力保濕乳霜

softening face cream

不老的玫瑰成分
給予肌膚適度的滋潤
維持年輕的形象

光滑而有彈性，讓人忍不住想要用手
去戳一戳的年輕肌膚。作法→p.42

虎耳草乳液 (p.40) 作法

1

馬克杯等耐熱容器中放入RO純水與虎耳草精華液，浸在煮沸過的熱水中隔水加熱(小心水不要流入容器中)。使虎耳草溶液中的酒精成分揮發掉。也可以用微波爐代替隔水加熱。不過，為了防止加熱過度，要每20秒看一次情況。

2

在1的耐熱容器中加入三種乾香草輕輕攪拌，用保鮮膜加蓋，放置冷卻。

3

冷卻之後將鍋內的香草用紙巾過濾。最後小心不要弄破，絞擰紙巾使精華充分滲出。取用50cc的香草液，如果不足50cc，則加上RO純水至50cc。倒回原來的耐熱容器中。

4

在準備一個馬克杯等耐熱容器，放入三種油與乳化臘。

5

在1中使用過的熱水再次加熱，將兩個容器同時放入。小心避免熱水跑進容器之中。

6

一面將油類與乳化臘充分攪拌，使臘融入油中。充足的攪拌是成功的要訣。

7

等臘完全溶解之後，測量容器內的溫度，確定兩者相同(50～56℃)才從熱水中取出。

8

香草液的一半慢慢少許的倒入油與臘的容器中。持續充分的攪拌。這個時候，不要一口氣將RO純水全部加入，別忘記先留下一半。

9

避免結塊，在8中一點點加入少許的三仙膠，持續充分攪拌至濃稠狀。若是一直無法混合均勻，可能是其中還有酒精殘留，在一次隔水加熱將酒精除去。

10

剩下的香草液加入於9中。使用小型打蛋器可以很(參照p13下方的道具)均勻攪拌。

11

偶爾加以攪拌到冷卻為止。完全冷卻之後完全冷卻之後入精油，如果攪拌不足，精油濃度高的部分會對皮膚造成刺激，要特別注意。裝入清潔的容器之中，加蓋放在冷藏室保存，一個月之內使用完畢。

●使用方法●

晚上洗臉之後用化妝水調整臉部肌膚，然後取用一些在臉上按摩般將乳霜推開。白天化妝時可以當做粉底使用，晚上可以在介意褐斑、雀斑等位置多塗一些。

※虎耳草的精華液是將生藥的虎耳草浸在酒精中將成分精華而出。做法參照 p108～之記載。

※在習慣之前請參照p26之「乳液製作之基本與重點」

●材料● (約2～3週份)

RO純水……………55cc

★乾香草

洋甘菊……………1小匙

接骨木花…………1小匙

玫瑰果……………1小匙

虎耳草精華液……2小匙

荷荷芭油…………2小匙

玫瑰果油…………1小匙

維他命E油………1/2小匙

乳化臘……………1/2小匙

三仙膠……………1/8小匙

★精油

檸檬………………2滴

洋甘菊……………2滴

強力保濕乳霜 (p.41) 作法

1

馬克杯等耐熱容器準備兩個，一個放玫瑰水，另一個放入準備好的4種油與乳化臘。

2

鍋子裡準備熱水轉小火，將兩個容器同時放在鍋子裡浸熱水。要小心避免熱水跑進容器之中。

3

一面隔水加熱，一面將油類與乳化臘充分攪拌，使臘融入油中。這個步驟必須小心攪拌才能完成漂亮的乳霜。

4

等臘完全溶解之後，測量容器內的溫度，確定兩者相同(50～60℃)才從熱水中取出。

5

將玫瑰水倒入油與臘的容器中充分攪拌。

6

在5中一點點加入少許的三仙膠，持續充分攪拌至濃稠狀。這個步驟中如果攪拌不夠充分會使乳霜分離。

7

成為乳霜之後，還需不時的攪拌，完全冷卻之後加入精油，充分混合攪拌。這裡如果攪拌不足。精油濃度較高的部分會對皮膚

◆芳香晶露參照 p.17，乾香草 p.22～與 p.60～，精油參照 p.64～，其他材料 p.46～52。

收斂乳霜 (p.41) 作法

1

小鍋放入RO純水點火煮至沸騰熄火。將乾香草三種放入輕輕攪拌。

※參照p39

2

加蓋放置冷卻。冷卻之後將鍋內的香草用紙巾過濾。最後小心不要弄破，絞擰紙巾使精華充分滲出。取用30cc的香草液，如果不足30cc，則加上RO純水至30cc。

3

馬克杯等耐熱容器準備兩個，一個放入2的香草液，另一個放入三種油與乳化臘。

4

鍋子裡準備熱水轉小火，將兩個容器同時放在鍋子裡浸熱水。要小心避免熱水跑進容器之中。

5

一面將油類與乳化臘充分攪拌，使臘融入油中。充足的攪拌是成功的要訣。

6

等臘完全溶解之後，測量容器內的溫度，確定兩者相同(50～60℃)才從熱水中取出。

7

香草液慢慢少許的倒入油與臘的容器中。持續充分的攪拌。

8

避免結塊，在7中一點點加入少許的三仙膠，持續充分攪拌至濃稠狀。

9

偶爾加以攪拌到冷卻為止。完全冷卻之後加入精油，充分混合攪拌。這裡如果攪拌不足。精油濃度較高的部分會對皮膚造成刺激。裝入清潔的容器之中，加蓋放在冷藏室保存，一個月之內使用完畢。

●使用方法●

早晚洗臉之後用化妝水調整臉部肌膚，然後取用一些在臉上按摩般將乳霜推開。白天可以塗薄一些，代替粉底使用。

◆月見草油即是evening-primrose oil。

※乳霜中所加入的椰子油是化妝品專用的，與超市中販賣當作食材的並不相同，請在化妝品材料專賣店或是郵購購買。

※在習慣之前請參照p34之「乳霜製作之基本與重點」製作。

●材料● (約2～3週份)

RO純水……………40cc

★乾香草

薰衣草……………1小匙

胡椒薄荷…………1小匙

木莓葉……………1小匙

金縷梅油…………1小匙

椰子油……………2小匙

杏桃仁油…………1小匙

蘆薈油……………1小匙

乳化臘………2/3~1小匙

三仙膠…………1/8小匙

★精油

薰衣草………………3滴

香茅油………………2滴

造成刺激。

8

裝入清潔的容器之中，確認完全冷卻後加蓋放在冷藏室保存，一個月之內使用完畢。

●使用方法●

晚上洗臉之後用化妝水調整臉部肌膚，然後取用一些在臉上按摩般將乳霜推開。肌膚疲倦或是乾燥時可以稍微塗多一些。

※浸漬油是將香草浸入，以抽提出精華的油類。詳細做法請參照p.60～

※精油中的玫瑰果油與橙花油，兩者都具有使年輕皮膚蘇醒的效果。香味並不相同而已，可依自己的喜好而選擇。

※在習慣之前請參照p.34之「乳霜製作之基本與重點」製作。

●材料● (約2～3週份)

玫瑰水……………30cc

澳洲胡桃油………1小匙

康富利浸漬油……1小匙

甜杏仁油…………1小匙

琉璃苣油…………1小匙

乳化臘…………1/2小匙

三仙膠…………1/8小匙

甜菜鹼…………1/8小匙

★精油

玫瑰油………………1滴

橙花油………………3滴

◆甜菜鹼和甘油同為保濕劑。請參照 p.51

護脣膏

lip moisture

乾燥得發疼的嘴唇，可用手製的護脣膏加強保護，不妨選擇自己喜歡的香味，當作送人的禮物。

是手製保養品第一步最值得推薦的項目，不容易失敗的護脣膏配方。保濕與香味都很優秀，還可以向獨創性挑戰看看。

護唇膏 (p.44) 作法

一般保濕用

●材料●

(唇膏管約2支份)

荷荷芭油…………1小匙

蓖麻油……………1小匙

蘆薈油……………1小匙

堪地里拉蠟………1小匙

1

在小燒杯中，堪地里拉臘與油類三種計量後放入。

2

鍋中熱水沸騰之後轉小火，將1的燒杯在熱水中隔水加熱。也可以用微波爐代替隔水加熱。不過，為了防止加熱過度，要每20秒看一次情況。

3

浸在熱水裡，將臘與油仔細的攪拌混合。

4

等臘完全溶解，倒入口紅管與廣口瓶中，放置冷卻。等卻之後放在冷藏室1～2小時，使乳霜凝固之後就可成為容易使用的護唇膏。

嚴重乾燥用

●材料●

(唇膏管約2支份)

乳油木果脂………1小匙

蓖麻油……………1小匙

蘆薈油……………1小匙

堪地里拉蠟……1小匙弱

1

在小燒杯中，堪地里拉蠟與油類兩種計量後放入。

2

鍋中熱水沸騰之後轉小火，將1的燒杯在熱水中隔水加熱。也可以用微波爐代替隔水加熱。不過，為了防止加熱過度，要每20秒看一次情況。

3

浸在熱水裡，將臘與油仔細的攪拌混合。

4

等臘完全溶解，倒入口紅管與廣口瓶中，放置冷卻。等卻之後放在冷藏室1～2小時，使乳霜凝固之後就可成為容易使用的護唇膏。

添加香味的方法

堪地里拉蠟完全溶解之後，在倒入容器之前，加上自己喜歡的香油5滴，均勻混合。

●材料●

※口紅管可以在化妝品材料店中購買。口紅的瓶子與一般裝乳液的小容器是一樣的，所以，也可以利用旅行或攜帶用的小瓶子。

※護唇膏所用的香油，可以利用外國郵購購得。另外，西點材料賣場的香油，也可以用來使用。

※加上香味的時候，檸檬與胡椒薄荷等精油也可以使用，不過，用於護唇膏的時候，最好先向賣家進行確認。

如果只要加上淡淡的香氣，利用點心用的香油就可以了。

◆材料參照p46～58

護唇膏的作法

1…計量材料後加入

在小燒杯中，堪地里拉蠟與油類計量後放入。

※以保濕為目的加入的少量蜂蜜，就是在這個步驟中加入。

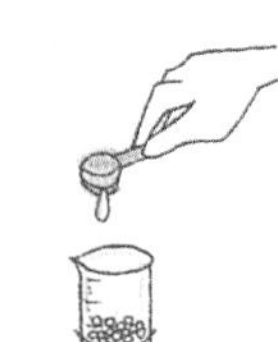

2…隔水加熱

隔水加熱，一邊攪拌使臘溶解。

3…繼續攪拌 臘溶解後繼續攪拌，使臘與油混合。

※如果要加上香味，可以在這個步驟中加入香油或香精。

4…倒入容器中

倒入消毒與清潔過的口紅管與小乳霜容器中，小心不要流出來，放置冷卻。

5…放冷藏室中1～2小時

等卻某個程度之後加蓋放在冷藏室裡1～2小時，就可以完成護唇膏。

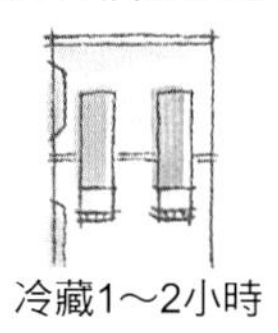
冷藏1～2小時

手製化妝品與香皂的材料

油類

油名(英文名稱)後面的數字表示油的皂化價(參考p120之Q12)使用的方法參照p121的「想做原創香皂的人」。浸泡油的皂化價要以浸泡前的油作為調查基準。附加材料專用的油並沒有附上皂化價。皂化價的範圍很廣，所以採用中間值。

註

cosme 表示使用為化妝品材料

soap 表示主要用於香皂之製作

cosme+soap 則是兩者皆可使用。

★使用於化妝品時，請慎重確認可以使用於化妝品，第一次使用的材料，一定要做過皮膚接觸測試。請參考p181之Q1、Q2

cosme+soap

●杏桃仁油

apricot kernel oil 0.135

杏仁核油。杏子核仁(種子的內部)所榨出的油。清爽而有保濕效果，適合作為按摩油等化妝品，可在芳香療法店中購入。

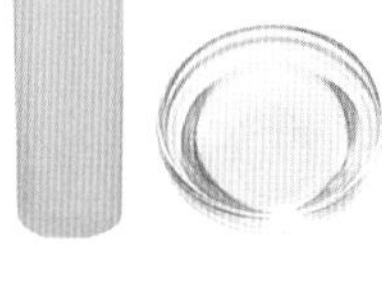

cosme+soap

酪梨油

avocado oil 0.133

採自酪梨果實。含有豐富的蛋白質與維他命適合用來製作乾燥肌膚使用的乳霜。無黏性是其特色。可在芳香療法店中購入。

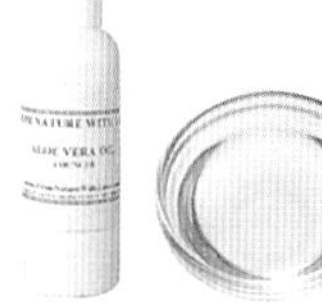

cosme+soap

蘆薈油

aloe vela oil ※浸泡油

將蘆薈浸在植物油中所抽提而得的浸泡油(→p60)。對於肌膚的各種問題與乾燥有效。廣泛的用於按摩及乳霜中。在專門店購買。

cosme+soap

月見草油

evening primrose oil 0.1357

可以具有恢復年輕、保濕的功效。不限肌膚，可以修復引起問題的部位。但要留心容易氧化。在專門店購買。

cosme+soap

小麥胚芽油

wheatgerm 0.131

含豐富維他命E，可用為天然抗氧化劑。材料專門店、芳香療法店皆可購入。

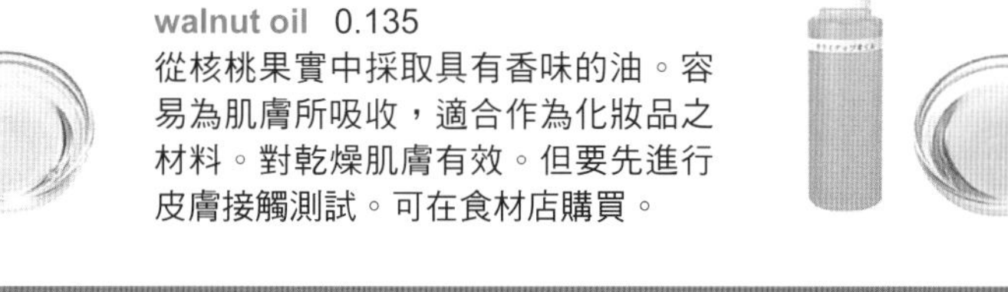

cosme+soap

核桃油

walnut oil 0.135

從核桃果實中採取具有香味的油。容易為肌膚所吸收，適合作為化妝品之材料。對乾燥肌膚有效。但要先進行皮膚接觸測試。可在食材店購買。

cosme+soap

●鴯鶓油

emu oil 0.1359

與駝鳥極為相似的澳洲鳥類，鴯鶓油。具有防止紫外線、消炎之功效，可修復肌膚之問題。可使用於臉、身體、頭髮等。在材料專門店購買。

cosme+soap

橄欖油

olive oil 0.134

採自橄欖果實。特級初榨橄欖油因為痕量出現的時間較久，所以一般的橄欖油即可。可在一般食材店購買。對化妝品而言，使用芳香療法店中載體油或是一般藥局中的處方油即可。

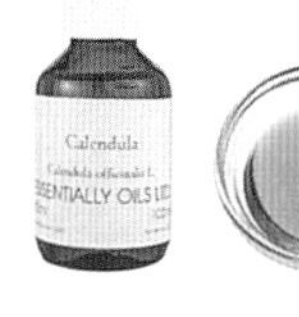

cosme+soap

金盞花浸泡油

calendula oil ※浸泡油

將金盞花花瓣浸於植物油中做成的浸泡油(p60)。可修復受損肌膚，給予滋潤。在材料專門店購買。

cosme+soap

蓖麻油

caster oil 0.1286

採自唐胡麻的的果實。保濕效果極高。適合洗髮皂、護唇膏之使用。一般藥房或材料專門店購買。

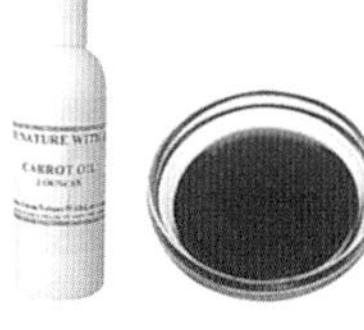
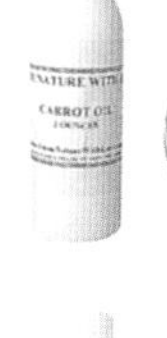

cosme+soap

胡蘿蔔

carrot seed oil ※浸泡油

將野胡蘿蔔的根浸泡在植物油中而得之浸泡油(p60)。營養價值高，可以修復受損肌膚。可在芳香療法店、專門店購得。

cosme+soap

夏威夷核果油

kukuinut 0.135

從夏威夷核樹的果實中取得。對於日曬或乾燥之肌膚很有效果，清爽的使用感適合用來做化妝品。

cosme+soap

●葡萄籽油

grapeseed oil 0.1265

採自榨完酒之後的葡萄子。含有豐富的維他命E。不易氧化，具有防止老化的作用。敏感肌膚也可以使用。於一般食材店或專門店購買。

soap

椰子油

coconut oil 0.190

採自椰子果實。主要用為食用油，也用來製造香皂，可以做成非常容易起泡的香皂。敏感肌膚的人要先進行皮膚接觸測試。在一般商店、進口食材店可以購得。

cosme+soap

芝麻油

sesame oil 0.133

採自芝麻種子。含有豐富的維他命與礦物質，廣泛的運用為按摩油。具防止紫外線的效果。可在一般食材店購買。

cosme+soap

甜杏仁油

sweet almond oil 0.134

從扁桃果實採取的高保溼效果的油，不油膩容易使用，適合按摩用。可在芳香療法店中購得攜帶用油。

cosme+soap

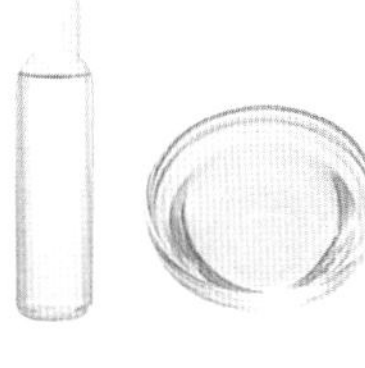

鮫鯊烯油

squalane oil ※附加材料

有從由深海鮫的肝油抽提而得的(squalane)，也有從橄欖油中抽提而得的(olive squalane)，化妝品用的多半是後者。在材料專門店購買。

cosme+soap

聖約翰草油

st. John's wort oil 浸漬油

將聖約翰草的花浸在植物油中的浸漬油(p60)。具有除掉老舊廢物的功效，適合作按摩油、乳霜。在材料專門店購買。

cosme

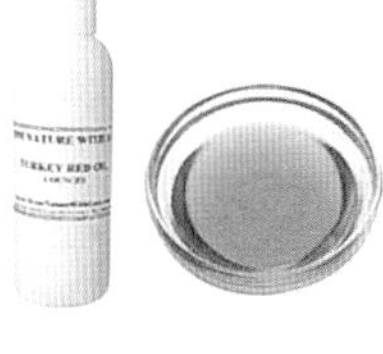

土耳其紅油（太古油）

turkey red oil 浸漬油

水溶性油類，可以作為沖洗式卸妝油之用。在材料專門店購買。

cosme+soap

●山茶花油

camellia oil 0.1362

日本產的油。過去是用來潤澤頭髮，作為保養之用。適合用來做洗髮皂。具保濕效果。在化妝品材料店購買。

soap

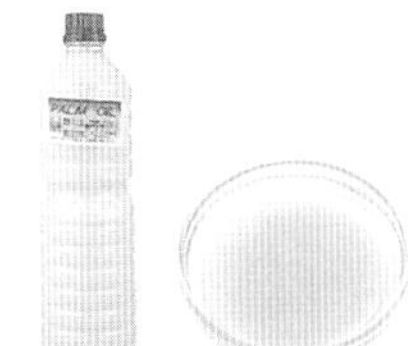

棕櫚果油

palm oil 0.141

採自棕櫚的紅色果肉。有白色與紅色。照片是精製過的白色。可做成堅硬而使用感舒服的香皂。可在進口食材店找到。

soap

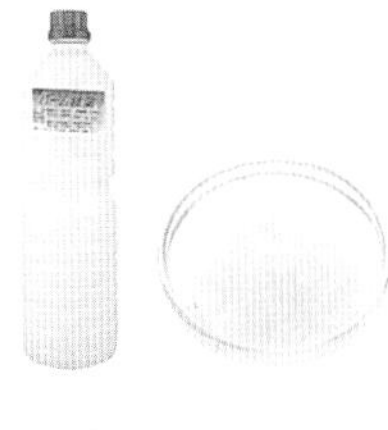

棕櫚核仁油

palm kernel oil 0.156

採自棕櫚的種仁。與椰子油性質相近，做成香皂時發泡情況良好。可在進口食材店找到。

cosme+soap

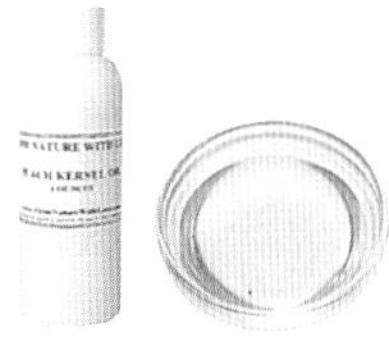

小蜜桃核仁油

peach kernel oil 0.137

由桃子的核仁中所榨出的油。成分與杏仁油非常接近，對乾燥肌膚、敏感肌膚很有效。廣泛的用於化妝品。在專門材料店購買。

soap

花生油

peanut oil 0.136

採自花生種子。雖然主要用來做成香皂，不過曾有報告提出容易過敏，所以敏感肌膚的人要先進行皮膚接觸測試。在一般•進口食材店中可以找到。

cosme+soap

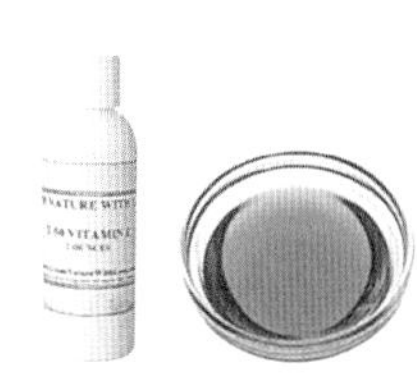

維他命E

vitamin E oil ※附加材料

防止老化，特別是有預防皺紋的功效。做成乳霜或美容液使用。具抗氧化作用。在化妝品材料店購買。

cosme+soap

向日葵油

sunflower oil 0.134

從向日葵的種子中抽提而得的油。含多量維他命E，可使皮膚光滑柔軟，可以做成觸感柔順的香皂。在一般食材店購買。

手製化妝品與香皂的材料

cosme

●超精製椰子油

fractionated coconut oil　0.1946

作為化妝品材料而精製過的椰子油。淡淡的滲透感適合油性肌膚。敏感肌膚要注意，在專門材料店購買。

soap

●榛果油

hazelnut oil　0.1356

從榛果中採得，帶有香氣的好油。具有美容效果，很高的抗老化作用。對於乾燥肌膚、日曬肌膚很有效果。一般進口食品店有售。

cosme+soap

●大麻籽油

hemp seed oil　0.1345

由大麻種子中採取而來。不黏稠而浸透性高，具有很好的保濕效果。因為考慮麻藥取締法的緣故，照片的商品名稱為Vegetable oil。

cosme+soap

●荷荷芭油

jojoba oil　0.069

最適合保護皮膚的清爽油類。浸透性與保濕性都高。因為不易氧化，所以在手製化妝品中經常被使用，在材料專門店購買。

cosme+soap

●琉璃苣油

borage seed oil　0.1357

由植物琉璃苣種子中抽提出來的。用於晚霜，具有抗老化，預防皺紋的效果。對乾燥肌膚有效。可在芳香療法店、專門店中購入。

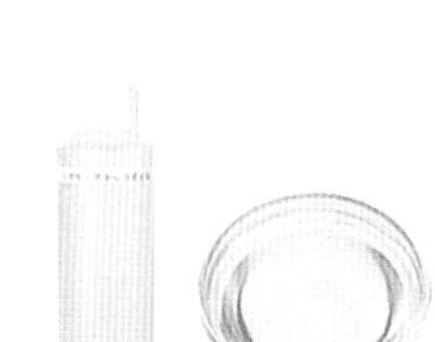

cosme+soap

●澳洲核果油

macadamia nut oil　0.139

採自澳洲胡桃的果實。與肌膚的成分接近，具有修復與防止老化的作用。浸透性高，對於乾燥肌膚、敏感肌膚效果很好。不易氧化。在進口食材與料理專門店中有賣。

soap

●綠茶油

green tea oil　※附加材料

將綠茶浸泡在植物油中抽提成分的珍貴浸漬油(p60)。具抗氧化作用，可防止老化。含有豐富的維他命。

soap

●棕櫚果油

red palm oil　0.141

以carotino preium之名而著名。從棕櫚的紅色果肉提煉精製成的紅色棕櫚油。使用於將香皂染色。

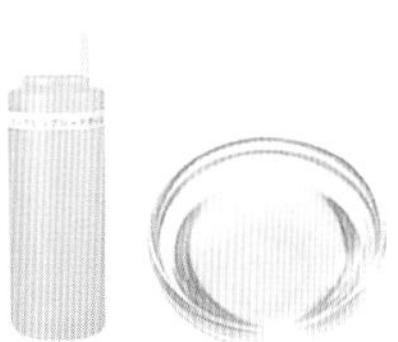

cosme+soap

●玫瑰果油

rose hip seed oil　0.138

從玫瑰果的種子中取得。含豐富的維他命ｃ，可以預防皺紋，做成眼霜的效果相當好。可在芳香療法店中購入。

脂類

soap

●牛脂

tallow　0.1405

是製作香皂的油脂之中最為經濟的材料。可以做成較硬的香皂。不能用於化妝品。

cosme+soap

●可可脂

cocoa butter　0.137

從乾燥的可可亞中採得之油脂。有白奶油系的甜香。花莊品則用於護唇膏、護手霜。材料於專門店購買。

cosme+soap

●乳油木果脂

shea butter　0.128

從乳油木果樹果實中取得之精華。含多量皮膚所需要的脂肪、維他命。敏感肌膚也可以使用。於材料專門店購買。

soap

●雪白乳化油（白油）

shortening　0.136

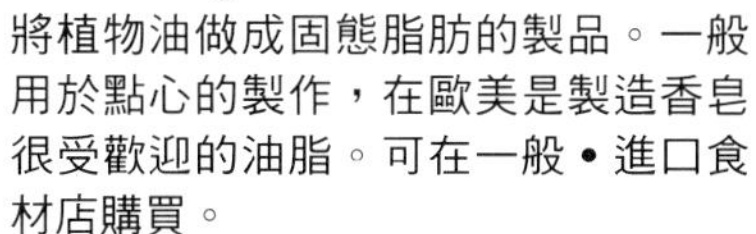

將植物油做成固態脂肪的製品。一般用於點心的製作，在歐美是製造香皂很受歡迎的油脂。可在一般•進口食材店購買。

cosme+soap

●馬油

horse fat　0.140

從馬的皮下脂肪所採得的油脂。是皮膚粗糙、蟲咬等皮膚問題的萬能藥。比外表看來有更高的清爽感，滲透性高。

cosme+soap

●馬油 (液態)

horse fat　0.140

由馬油精製而成容易使用的液態。可直接利用於乳液或按摩油。容易加入化妝品中。

cosme+soap

●芒果脂

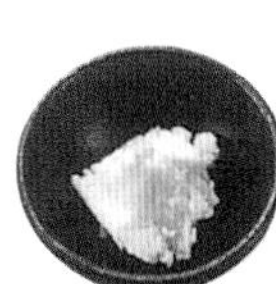

mango butter　0.128

採自芒果種子。有很高的保濕效果，用於乳霜或護唇膏中。加入香皂可以產生細緻的泡沫。與榭油樹油類似。於材料專門店購買。

soap

●豬油

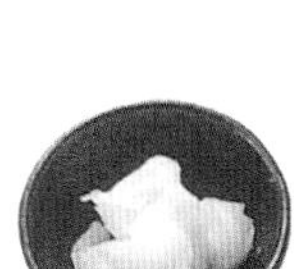

lard　0.138

因為有強烈的臭味，不使用於化妝品。是很經濟性的香皂材料。

cosme+soap

●羊毛脂

lanolin　0.0741

採自羊毛的脂肪 (正式說來屬於臘的一類)。具高保濕效果，寒冷季節中可以用於手腳保護。進行皮膚接觸測試後使用。

臘、乳化劑、增稠劑

●乳化臘

emulsifying wax

製作乳液時推薦使用的臘。即使經驗不多也不容易導致失敗，可以做成漂亮的乳霜。於材料專門店購買。

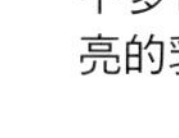

cosme

●三仙膠

xanthan gum powder

簡稱聚合膠。增加黏稠而使用的天然增黏安定劑。可以容易的做出膠或乳霜。於材料專門店購買。

cosme

●堪地里拉蠟（小燭樹臘）

candelila wax

由產於墨西哥之堪地里拉草所分泌出的黃色臘。適用於護唇膏或口紅的製作。於材料專門店購買。

cosme

●瓜耳膠粉

gua gum powder

天然的瓜耳(豆科植物)種子中所含有的成分，作為天然增黏安定劑以增加膠或乳霜類的黏稠度用。於材料專門店購買。

cosme+soap

●硬脂酸

stearic acid　0.141

除了讓香皂變硬(p71)之外，也作為化妝品之乳化劑。除了材料專門店購買之外，數量多也可以請藥房訂購。

cosme+soap

●蜂臘

beeswax　0.069

蜜蜂築巢之時從身體分泌出的天然臘。除了可以讓香皂變硬之外，也可以與油類混合做成乳霜。使用前一定要做皮膚接觸測試。於材料專門店購買。

附加素材

cosme+soap

●紅豆粉

azuki-bean powder

這是從過去就被使用的磨砂膏。可以防止暗沉。洗臉之外，也可以當做敷面膏或是香皂的材料。

cosme+soap

●蘆薈精華

aloe essence

將木質蘆薈的生葉榨取熬煮所得的濃縮精華。不含添加物，可用於護膚產品與香皂之材料。一定要做過皮膚接觸測試才能使用。

手製化妝品與香皂的材料

cosme+soap

●蘆薈膠

aloe vera gel

將蘆薈之外葉除去之後，採取其中果凍狀物質所做成的。對於所有的肌膚問題都非常有效，以化妝品與香皂的材料而極受歡迎。在材料專門店購買。

cosme+soap

●蘆薈膠粉

aloe vera powder

將蘆薈膠製作成粉末狀，可以長期保存。用水稀釋後可以用為化妝水、乳霜、香皂之材料。於材料專門店購買。

cosme+soap

●蘆薈粉

aloe powder

木質生葉乾燥後所磨成的粉。內服之外，還可以用來敷臉以及當作磨砂膏、香皂等之材料。對於褐斑、雀斑、小皺紋有效。

cosme+soap

●黃鶯粉

uguisu-no-hun

黃鶯粉自古就是日本人喜愛的洗臉用材料。有美膚整肌之功效。洗臉之外，也可當作敷臉、香皂之附加材料。

cosme

●檸檬酸

citric acid

加入化妝品中可以調整皮膚的ph值，作為濕潤劑之用。超市、百貨公司的製造材料或調味料販賣部門可以找到。

cosme+soap

●糙米糠

rice bran

可用於洗臉、磨砂膏、敷臉，去除老舊角質廢物，成為細膩的肌膚。礦物質、蛋白質含量豐富，也有美白與抗老化效果。

cosme+soap

●絲蛋白粉

silk powder

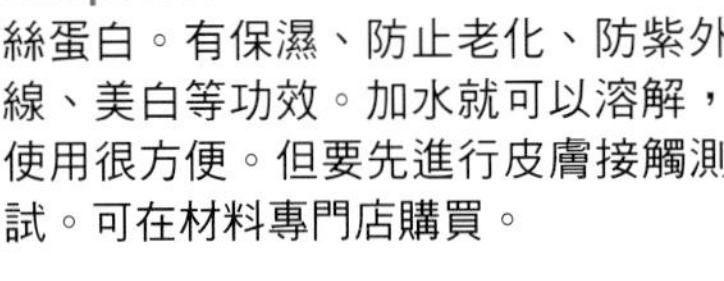

絲蛋白。有保濕、防止老化、防紫外線、美白等功效。加水就可以溶解，使用很方便。但要先進行皮膚接觸測試。可在材料專門店購買。

soap

●絲纖維

silk fiber

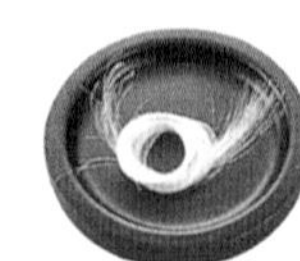

絹絲的原絲。加上這個做香皂，可以做成增加頭髮彈性的洗髮皂，用剪刀剪碎，加上苛性鈉液即可溶解(參照p87)。在材料專門店購買。

cosme+soap

●小蘇打

sodium bicarbonate

可以用來浸浴美容。將2大匙的小蘇打混合5滴自己喜歡的精油放入澡盆浸浴。可以讓疲倦的肌膚恢復朝氣。可在一般食材店中購得。

cosme+soap

●尼姆粉（印楝樹）

neem powder

楝樹是印度阿優斐達所使用的香草。用少量熱水溶解楝樹粉使之冷卻後，用來洗臉可以預防青春痘。在材料專門店購買。

soap

●絲瓜纖維

loofah

將乾燥的絲瓜纖維，用粉碎器打細，做成材料加入香皂，可以做成非常舒服的刷子香皂。可在一部分的材料專門店購得。

cosme+soap

●薄荷腦

menthole crystal

用薄荷油做成的。可加入護唇膏、香皂或軟膏。可在材料專門店購買。

---

cosme+soap

●卵磷脂

lecithin

由大豆、蛋黃抽提而得。給予肌膚滋潤保持柔嫩，並可消毒殺菌、清潔。也有當成化妝品之乳化劑使用的。

◆保濕劑、保濕效果高的材料

cosme+soap

●甘油

glycerine

天然保濕劑。無色透明之糖漿狀液體。主要加在化妝水中提高保濕力。藥局、材料專門店可購得。

●甜菜鹼（三甲基甘氨酸）

由甜菜中抽出的天然保濕劑。砂糖般的顆粒狀。和甘油具有同樣的保濕力，以手製化妝品的材料而受到注目。幾乎沒有刺激性，比甘油的使用感更為舒適。可在材料專門店購得。

cosme+soap

●黑蜜

black sugar syrup

用黑糖製成。具保濕效果，作為香皂或敷面劑的材料。可以期待它的美白效果。可在一般食材店購買。

cosme+soap

●蜂蜜

honey

不挑剔膚質的保濕劑，可以加在各種化妝品中，具殺菌作用，可以清潔肌膚。但要先進行皮膚接觸測試。可在一般食材店購買。

cosme+soap

●楓糖漿

maple syrup

可以使肌膚柔軟給予滋潤。作為化妝品材料的時候，要選擇純正的而且要先進行皮膚接觸測試。可在一般或進口食材店中購買。

◆紫外線防止劑

cosme

●二氧化鈦

titanium dioxide

加入手製化妝品中，製作防曬的乳液或乳霜。要使乳霜具有美白功效時也會加入。不過，很不容易買到，可委託藥局訂購。

cosme

●氧化鋅

zine oxide

具防止紫外線的功效，作為手製化妝品的材料之用。還具有抑制皮膚的發炎或是濕疹。可與二氧化鈦同時使用，可以更強力的防止紫外線。和二氧化鈦一樣，可向專門藥局訂購。

◆食材系材料

cosme+soap

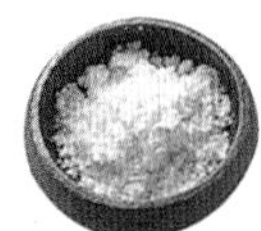

●杏仁粉

almond powder

將杏仁磨成粉末狀。適合用來做清除角質與毛細孔的敷面劑。使用後可使肌膚光滑。具美白效果。在超市或百貨公司等製造材料行可以買到。

cosme

●岩鹽

rock salt

可以保護皮膚，但是直接用在臉上刺激過強，所以多半當成入浴劑使用。可以溫熱身體，促進血液循環，使肌膚滑順。可在一般食材店購得。

cosme+soap

●玉米製品

corn product

任何一種都具有保濕效果，也適合作為磨砂膏與敷面劑，使用感舒適，使用後肌膚光滑細緻。照片中粗的是粗碾玉米(上)，較細的是細碾玉米，兩種做成的澱粉稱為玉米澱粉(左)，使用為增黏劑與粉的原料。可在製造材料行購得。

cosme+soap

●椰子脂、椰奶

coconut cream & coconut milk

兩者都具有保濕效果。一般說來，椰子果肉榨出的，最初最濃的部分稱之為椰子脂，接下來加了水繼續榨的，較稀的就是椰奶。作成香皂的材料，也可以揉拌之後用來敷臉或是當成磨砂膏，可以增加保濕力。可在進口材料店購得。

cosme+soap

●椰子粉

coconut powder

與液體同樣的作用，加入香皂或化妝品中可以提高保濕力。

另外，也可以當作入浴劑放在澡盆裡，享受牛奶浴。照片上上層為椰子克林姆粉，另外一個則是椰奶粉。可於進口食材店購買。

cosme+soap

●小麥胚芽

wheat germ

很適合用來作為磨砂膏使用。含豐富的維他命E、蛋白質等之營養素，對於乾燥肌膚的養護非常有效。開封之後要裝在密閉容器放進冷藏室中。可於進口食材店或是製造材料行購買。

手製化妝品與香皂的材料

cosme

●明膠粉

gelatin powder

含有膠圓，因此可容於香草茶中增加濃稠度，也可以用來作為敷面劑以使皮膚光滑。訣竅是在乾燥之前洗掉。可於一般食材店購買。

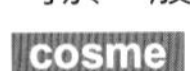

cosme

●醋

vinegar

醋具有收斂效果，也是調整皮膚的PH值之醋收斂水的原料。從照片左起，分別是蘋果酒醋、椰子醋、木莓醋。可於進口食材店購買。作成香草醋，會比個性不強的穀物醋更好。

cosme+soap

●奶粉

milk powder

奶粉有各種種類，有羊奶粉(上)、脫脂奶粉(下)。都有很好的保濕效果，當作香皂的材料或是入浴劑。可在可於進口食材店或郵購方式購買。

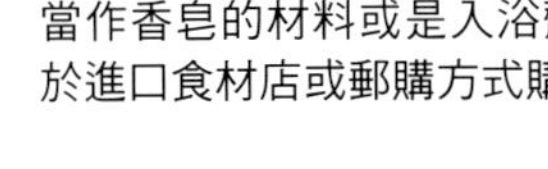

其他重要材料

cosme+soap

●RO純水

distilled water

是手製化妝品與香皂不可或缺的材料，精製過的水。比自來水更可以讓化妝品持久。一般藥局就可以購得，價格十分便宜。

cosme+soap

●乙醇（藥用酒精）

ethyl alcohol

也就是酒精。用來消毒保存化妝品的器具，也用來抽提出香草、中藥的精華。也當作防腐劑加入於化妝水中。可在一般藥局購買。

※抽提草藥、香草的酒精，多半使用日本酒、伏特加。

soap

●色膏

color gel

使用於在香皂中加上顏色。液體狀，特別是使用於M&P香皂(p98)的染色。可在材料專門店購得。

soap

●色粉

colorant

顏料。使用於香皂之染色。因為是粉狀的緣故，所以要先取出一些皂液混合後，再將染好色的皂液放回攪拌。可在材料專門店購得。

soap

●香精油

fragrance oil

使用於香皂的添加香味。比精油廉價而香味更強。通常不用於化妝品，而是用於護唇膏。可在材料專門店購得。

◆天然防腐劑

cosme+soap

●GSE 葡萄籽萃取液

grapefruit seed extract

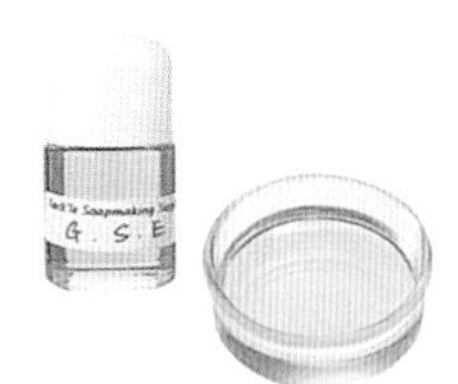

葡萄柚籽精華。從葡萄柚籽中抽取的精華，可用於化妝品、香皂的防腐劑，油之抗氧化劑。購買時請確認用量。

cosme+soap

●GSE 粉（葡萄籽粉）

grapefruit seed extract powder

葡萄柚籽精華粉。容易使用之粉狀天然防腐劑。購買時請確認用量，可在材料專門店購得。

cosme+soap

●ROE （迷迭香萃取液）

rosemary oil extract

迷迭香萃取精華。從迷迭香中抽提而得，可用於化妝品、香皂、油之抗氧化劑。購買時請確認用量。

※本書認為使用天然防腐劑，不如做好容器的消毒。參見 p.20

每日 綜合養護建議

我們的皮膚，要對抗環境的變化與各種刺激。

酷暑與寒冬、不規則的飲食生活、向逆境對抗等。

雖說皮膚是很堅韌的，可是也非常細緻……

聽聽看自己皮膚發出的聲音，綜合的保養要開始了。

既然要手製化妝品，就要找到最適合自己肌膚的基礎保養品。

面臨冬天的寒冷
冬天的乾燥肌膚

冬天是不容易上妝的……。

絕對不要這麼說！

保養過後，就可以有

不臣服於乾燥的水嫩肌膚。

好了，你也快點開始吧！

肌膚乾燥者的......

肌膚保養

1……不要用太熱的水洗臉

不要用臉會感到熱的熱水洗臉。平常應該用溫水洗，然後再沖冷水。

2……不要香皂洗臉

特別乾燥的時候，不要使用香皂，用溫水洗就可以了。如果還介意髒污與角質，可以試試軟性的磨砂膏(→p10)。用牛奶攪拌淡一點，可以對皮膚比較溫和，絕對不可以用力，以免傷害到皮膚。塗在臉上，用兩手蓋住臉輕輕摩擦就可以，接著用溫水沖洗。另外，也可以將燕麥加上熱水，用其上澄液洗臉。

3……不要過度的按摩與蒸臉

乾燥的時候，不要過度保養。乾燥時勉強去按摩，是造成細紋的主要原因，覺得非常舒服的蒸臉，也是除掉皮脂的方法之一。

4……用乳霜保護

皮膚乾燥時放任不理，會使乾燥逐漸惡化。為了不讓水分從肌膚蒸散，要經常以保濕性高的乳霜保護。

飲食生活與習慣

1……攝取水分

礦泉水與茶應經常擺在手邊，補充體內的水分是極為重要的。另外，多喝有保濕效果的香草茶也非常有效。建議的有紫蘿蘭、玫瑰、橙花、菩提樹。

2……攝取適度的油

減肥的時候，飲食中往往會避免各種油脂，這也是乾燥惡化的原因。要抑制皮膚的乾燥，飲食中適度油份的攝取是必要的。

3……多吃蔬菜水果

不只乾燥肌膚，要有美麗的肌膚，就必須選擇維他命類含量多的飲食。持續忙碌又不規則之生活時，可以用市售的健康食品來補充。

對《乾燥肌膚》建議之手製化妝品的綜合策略、方針

●洗面皂

洋甘菊與＆蜂蜜香皂 (p74)
乳油木果脂楓糖香皂 (p92)
小麥胚芽皂 (p96)

●化妝水

蘋果化妝水 (p15)
保濕化妝水 (p15)
香草水 (p14)
※芳香晶露則使用玫瑰花水與橙花水。

●乳液

保濕乳液 (p25)

●乳霜

保濕乳霜 (p32)
保濕晚霜 (p33)

●集中修護

強力保濕乳霜 (p41)
唇眸修護油 (p37)
※乾燥的時候，眼睛與嘴唇周圍容易長小細紋。

●集中保養

滋潤面膜 (p103)

容易出油的

油性肌膚

開始使用無添加物的手製保養品之後，臉上變得比較不會泛出油光，我經常聽到這樣的回應。因為使用的是自然物品，所以對肌膚的負擔少，也能得到平衡。

油性肌膚者的……

肌膚保養

1……不要除掉太多油脂

皮膚的油脂只要除掉了，就會因為要補充而分泌得更多。因為油膩而重複幾次洗臉，反而會使肌膚油脂分泌旺盛。所以，用香皂洗臉時，每次只能洗1～2次，然後用溫水沖洗50次左右，最後再以冷水收斂為重點。

2……蒸臉的效果很好

蒸臉(p62)是油性肌膚的救世主。可以除掉毛孔之中的老舊廢物，使肌膚清爽。乾香草則使用可以抑制皮脂的分泌，調整平衡的香茅、胡椒薄荷、金縷梅，以及具有收斂、收縮效果的西洋蓍草、迷迭香、薰衣草。數種和在一起也非常有效。

3……油按摩也很有效果

使用可以調整皮脂均衡的精油按摩，長久持續可以使皮脂的分泌恢復正常，不容易脫妝。精油的種類則以絲柏、大西洋雪松、天竺葵、茶樹、佛手柑、杜松等為宜。以兩小杯的載體油配1滴精油的比例，在整個臉上進行按摩。接著用衛生紙擦拭，然後用香皂洗臉。基底油以杏桃核仁油、杏桃仁油、甜杏仁油、荷荷芭油為佳。

★基底油＝芳香療法的基劑，是純粹而上等的植物油，適合用作化妝品。

飲食生活與習慣

1……甜的、油膩的少吃

油性肌膚可以靠改變飲食生活習慣而改變。擁有油性肌膚的人往往也比較喜愛油膩的食物，要盡量加以控制，改以多吃水果蔬菜，就可以有非常顯著的變化。甜食也不可以吃過多。以均衡的飲食為主要重點。

2……飲用香草茶

香草茶的效果遠比想像中還要大。平常可以利用飲用香草來改變皮脂的分泌，從身體的內部開始改善。建議的香草有接骨木草、鼠尾草、木莓葉等。

對《油性肌膚》建議之手製化妝品的綜合策略、方針

●洗面皂

天竺葵香皂 (p83)
黃瓜香皂 (p89)

↓

●化妝水

收斂化妝水 (p19)

↓

●乳液

清爽乳液 (p24)

●乳霜

清爽日霜 (p28)

●集中修護

收斂乳霜 (p41)

●集中保養

深層清潔敷面劑 (p106)
香草磨砂膏 (p110)
※乾香草建議使用西洋蓍草、胡椒薄荷、迷迭香等

已經成年了卻還不時冒出痘痘的
面皰型肌膚

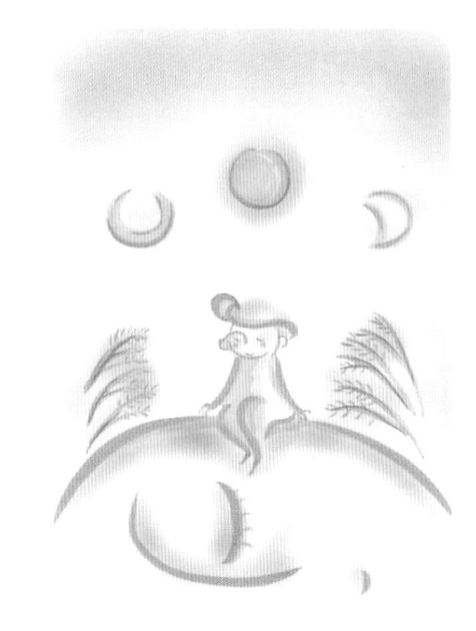

大人的青春痘也是讓人很傷腦筋的。因為介意而用化妝來掩藏，結果更為嚴重。到底什麼時候才會結束呢？這樣的煩惱，從今天開始要終結了！

容易長青春痘者的......

肌膚保養

1……保持皮膚的清潔

容易長青春痘的人，保持皮膚的清潔是最重要的。頭髮經常接觸到皮膚的髮型並不適合。容易長青春的人，往往因為非常介意，容易用手去碰觸它，結果細菌反而使青春痘惡化，所以要避免不知不覺的用手去碰觸。另外，拍粉底用的粉撲也要經常清洗。

2……臉上不要亂塗東西

保養請盡量簡單進行。有效的保養品，也往往對皮膚造成很大的負擔。所以不要隨便在臉上塗抹，洗完臉之後，薄薄適合面皰型肌膚的化妝水或乳液，讓肌膚好好休息。只能不化妝或是薄薄塗上粉底而已，靜靜等待症狀的改善。

3……不可過度洗臉

面皰型肌膚的人要保持皮膚的清潔，洗臉是重要的保養動作之一，但是也不可以一天洗太多次。一旦皮膚的油脂被除去，反而會使分泌更為旺盛。香皂洗臉早晚各一次，此外用溫水或水洗去多餘的皮脂與髒污就可以了。

4……利用精油

精油原液原則上是不能直接接觸皮膚的。但是也有例外，那就是與薰衣草和茶樹相關的，可以在極小的皮膚範圍之內點上。兩者皆具有消毒、殺菌的作用，對青春痘可以產生作用。因此可以用棉花棒沾取少許直接塗在青春痘患部。因為可以塗在多個部位，因此小心不要塗太多。雖然說可以直接與皮膚接觸，但是精油的作用畢竟比較強，用太多反而會有反效果。一天約使用1－2次即可。

※第一次使用的時候，一定要進行皮膚接觸測試。

飲食生活與習慣

1……注意營養均衡的飲食

青春痘只要改變飲食症狀就會有很大的改善。要避免油膩的、太甜的、肉類的飲食，多吃蔬菜，以保持均衡的飲食。另外，壓力也會導致青春痘的惡化。均衡的飲食可以養成足以抵抗壓力的身體，所以一定要徹底實施。

2……以香草茶調整身體狀況

可以提高免疫力的球菊香草茶，對於容易長青春痘的皮膚可以發揮效果。建議使用能夠調整賀爾蒙平衡的當歸，含豐富維他命C的玫瑰果。

因越來越濃而不安

容易長褐斑、雀斑的肌膚

如果褐斑、雀斑不儘早處理，必然弄到不可收拾。可是怎麼做呢？簡單！以美白加以預防，即使不買高價的乳霜，也一樣可以有白皙透明的肌膚，千萬不要忽略了。

容易長褐斑、雀斑者的……

肌膚保養

1……不要常曝曬在陽光下

實際上，褐斑・雀斑造成的原因，是來自於紫外線光。容易長褐斑雀斑的人一定要有覺悟，絕對不要曝曬在紫外線下。出門的時候一定要塗上防曬的乳液或乳霜，化上防紫外線的妝。戴用陽傘和帽子。並不說這樣做不會再長褐斑、雀斑就夠了，還必須要小心已經長的部分不要再繼續加深了。

2…以美白效果高的化妝品保養

已經長的褐斑、雀斑，要設法使之淡化至可以用化妝來遮掩。因此盡量用手製化妝品中美白效果高的進行集中性的敷面。例如用中藥製成的化妝水(p108)美白效果特高。一定要自己試試看。不過手製化妝品往往不具有即效性，所以持續進行並觀察情況是極為重要的。

飲食生活與習慣

1……攝取維他命C

養成多吃含豐富維他命C對美白有效的的蔬菜與水果的習慣，可改善雀斑、黑斑肌膚。無法以食物方式攝取時，可用市售營養食品補充。

2……以香草茶作為飲料

咖啡與紅茶中含有咖啡因，對於褐斑、雀斑不宜。平常最好以無咖啡因的香草茶為飲料。其中含美白成分的歐石楠或蔓越莓以及含維他命C多的玫瑰果均佳。

對《面皰型肌膚》建議之手製化妝品的綜合策略、方針

●洗面皂

茶樹＆薰衣草香皂 (p79)
杏仁＆蜂蜜香皂 (p83)

●化妝水

香草水(p14)
※芳香晶露以金縷梅水、薰衣草水為佳。
香草化妝水(p18)
※乾香草以接骨木花、胡椒薄荷、薰衣草為佳。
黃瓜化妝水 (p18)
抗痘化妝水 (p19)

●乳液

抗痘乳液 (p24)

●集中保養

預防青春痘面膜 (p106)

對《容易長褐斑、雀斑》建議之手製化妝品的綜合策略、方針

●洗面皂

歐石楠＆玫瑰果香皂 (p78)

●化妝水

香草化妝水 (p18)
※乾香草以康富利、歐石楠、玫瑰果為佳。

●乳霜

防曬乳霜 (p29)
※以預防褐斑、雀斑為主

●集中修護

虎耳草化妝水 (p40)

●集中保養

美白敷面劑 (p104)

也許是肌膚鬆弛吧？

沒有光澤、彈性的肌膚

體驗過手製保養品的人第一個感覺，就是「皮膚變得有彈性了」。

肌膚無彈性者的……

肌膚保養

1……以油按摩增加彈性

適度按摩給予刺激以增加彈性。以不造成皮膚負擔的油按摩為宜，但過度按摩會造成細紋。一週之內進行2～3次，要使肌膚緊實，建議使用兩小匙的杏仁油加上1滴的橙花油。加上小半匙的月見草油也很有效果。

飲食生活與習慣

1……水分和有規律的生活

滑嫩的年輕肌膚，飽含充足的水分。養成平時就將礦泉水放在身邊，覺得有一點渴就立刻補充的習慣。另外，美膚的基本是規律的飲食與充足的睡眠。肌膚覺得疲倦的時候，不可以熬夜，讓身體得到充足的休養。

對《沒有光澤、彈性的肌膚》建議之手製化妝品的綜合策略、方針

●**洗面皂**

迷迭香抗老化香皂 (p84)

●**化妝水**

香草水 (p14)

※芳香晶露水為迷迭香、玫瑰水、柳橙花水為佳。

●**乳霜**

迷迭香緊實霜 (p28)

●**集中修護**

強力保濕乳霜 (p41)

●**集中保養**

細緻面膜 (p105)

使膚色明亮容易化妝

容易暗沉的肌膚

恢復成粉底可以均勻上妝的明亮年輕膚色。

肌膚暗沉者的……

肌膚保養

1……適度集中的保護

可以試試每週二至三次的細泥敷臉(p107)，或是去角質(p100下)。但是，過度會造成皺紋，所以一定要小心。

2……嚴禁日曬

肌膚暗沉的時候，表示肌膚的抵抗力降低，容易長褐斑、雀斑。所以外出時一定要塗上防曬乳液，盡量不要曬到陽光。

飲食生活與習慣

1……適度運動

肌膚沒有精神的時候，步行、柔軟體操、慢跑等輕度的運動，可以使體內活性化。以蔬菜為中心的均衡飲食，以及充足的睡眠是非常重要的。

2……以香草茶使肌膚有活力

香草茶可以使細胞活性化，使皮膚恢復光澤。可以抑制肌膚老化的玫瑰或是修復受損肌膚使之恢復健康的金盞花，含有豐富維他命C的玫瑰果等都很具效果。

對《容易暗沉的肌膚》建議之手製化妝品的綜合策略、方針

●**洗面皂**

淨膚細泥香皂 (p74)

燕麥肥皂 (p88)

●**化妝水**

香草化妝水 (p18)

※乾香草以蕁麻、玫瑰、玫瑰果為佳。

●**乳霜**

美白乳霜 (p32)

●**集中修護**

美白乳液 (p36)

●**集中保養**

美白面膜 (p104)

化妝品所引起的毛病多

敏感的皮膚

害怕使用化妝品的敏感皮膚，自己尋找自己的化妝品！

皮膚敏感的人……

護膚

1……自己選擇材料

皮膚敏感的人，似乎因市面出售的化妝品所含的各種添加物而引起毛病的情形甚多。有關基礎化妝品，建議及早改用自己能選擇材料的 DIY化妝品。第一次使用的材料必須做皮膚接觸，尋找對自己皮膚有效並產生作用的材料

2……不使用酒精

皮膚敏感的人對酒精也易引起過敏反應。即使是自己獨自製作時，也要避開含有酒精的化妝品較好。在本書所介紹的處方中，含有酒精的化妝品，即使從材料中減去酒精，也能製作自己想辦法作出對皮膚刺激較少的化妝品。

3……不要神經質的洗臉

皮膚特別敏感的時期，應減少使用肥皂洗臉。把燕麥片放入溫水後，使用其上面清淨的水來洗臉，以熱毛巾輕輕擦臉。

對《敏感皮膚》建議之

手製化妝品的綜合策略、方針

●**洗臉肥皂**　月見草皂(p75)、酪梨油肥皂(p78)

●**化妝水**

香草水 (p14)、

＊芳香晶露以洋甘菊水、玫瑰水等較好

保溼化妝水(p15)

●**乳液**

溼潤乳 (p25)或乳液

●**乳霜**

保溼面霜 (p32)、

香草保溼霜 (p29)

●**特別處理**

強力保溼乳霜 (p41)

●**集中修護**

細緻面膜 (p105)

無意中沒有注意，卻已為時已晚

曬黑的皮膚

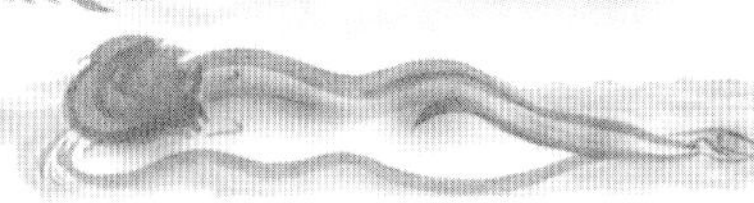

放任曬黑而不治療，就會變成黑斑、雀斑的原因。以水分和休息來回復皮膚功能。

曬黑皮膚的人

肌膚保養

1……補給水分

對曬黑的皮膚要一直給予水分來冷卻，把冰涼礦泉水裝在噴霧式瓶中，噴灑曬黑的部份，乾燥後再噴水，注意不要任其乾燥，曬黑是一種外傷，因此芳香晶露(p17)的薰衣草有效。如果沒有薰衣草水，在蒸餾水加少量薰衣草精油或是蘆薈膠也有效。

飲食生活與習慣

1……應該充分補充水分

體內乾燥時就比較不容易治癒。從體內多多補充水分，以水或茶水任何飲料都沒有關係。含有多量葡萄糖的蔓越梅的果汁或香草茶都能消除黑斑或雀斑。

2……舒舒服服休養身體

曬黑後身體非常疲勞。因此皮膚的恢復也需要一段時間，儘可能躺下來休息，夜晚要充分睡眠。

對《曬黑皮膚》建議之

手製化妝品的綜合策略、方針

●**洗面皂**

日曬防護 (p86)

金盞花油肥皂 (p88)

●**化妝水**

香草茶化妝水 (p18)

※乾香草以雛菊、薰衣草、金縷花等較好

黃瓜化妝水 (p18)

●**乳霜**

香草保溼霜 (p29)、迷迭香緊實霜 (p28)

●**集中修護**

日曬面膜 (p105)

Make Good Use of Powerful Herb!

利用香草使肌膚更加美麗！

以美肌為目標的女性們
更值得信賴的香草

更依賴香草的力量

要追求女性的美膚，最後還是必須要利用香草的力量。僅僅是自然的素材，就可以解決肌膚的問題，讓自己更美。除了自然療法的王者一香草的力量之外，也沒有其他實現的方式了。或許目前還無法了解詳細的情況，但是，可以試著去親近香草，找到適合妳，讓妳更美的香草。

只靠香草茶是不夠的！
最大限度引出香草的力量，對美膚活動有所助益的方法如下！

HERB 1 INFUSED OIL 浸泡油

浸泡油是將香草在某段時間之中浸在植物油裡，使有效成分溶入油中。連熱水都抽提不出之「溶於油」的有效成分，也都可以順利抽出。還可以和使用之植物的有效成分相得益彰。植物油也因為香草的力量變身成對皮膚滲透性高的美膚油。主要成為化妝品與香皂的材料，另外，也用於按摩油。

★浸泡油的作法

讓我們試著製作其中最有名的金盞花油吧。將喜歡的量放進適當大小的瓶子裡，來完成適當的量。

※金盞花是藥用萬壽菊的學名，為了與其他相類似的植物名稱有所區別，故而稱為金盞花。

●材料與道具●

金盞花(＝萬壽菊)／植物油玻璃製的廣口瓶(附有蓋子)

紙巾或紗布／有注口的缽或量杯／遮光瓶(保存用)

★玻璃製的廣口瓶，可使用大型的果醬瓶或是即溶咖啡的空罐。量太少可能會不夠作成化妝品或是香皂，所以最好找300～500cc容量的。

★植物油可以使用向日葵油、澳洲胡桃油、橄欖油等。另外，為了防止油的氧化，可以加入1成的小麥胚芽油。

●事先準備●

使用金盞花(萬壽菊)的乾香草，如果附有花萼(中心部份)必須要去掉只使用花瓣。

Make Good Use of Powerful Herb!

利用香草使肌膚更加美麗！

1…放入金盞花

在玻璃製的廣口瓶中放入瓶子約1/3～1/2的金盞花的量。

2…倒入植物油

將植物油注滿瓶口，為了讓乾香草與油混合，輕輕搖動瓶子。在日曬好的位置擺放約2周，偶爾晃動一下瓶子，使其中的有效成分滲出。

※放在日照好的地方可以提高油的溫度使抽提的力量加大。另外，香草浮出油面會發霉，所以要追加油至完全蓋住為止。

3…過濾油

經過約二週，用紙巾過濾。

※使用有注口的容器，可以保持穩定，不必擔心漏油。

4…榨油

將剩餘的花瓣全部取出，放在紙巾上絞擰。

※要用洗淨的手進行。絞擰的時候，要小心不要弄破紙巾，用手的握力用力擰。這樣，附在花瓣的油，才可以不浪費的全部擠出。

★至此，金盞花的浸泡油便告完成，如果要做出效果更高的油，可以用同一份油再浸一次。

5…將油倒回瓶中

將第一次浸過的油倒回原來的廣口瓶。

6…加上金盞花

加入和第一次的份量相同，或是稍微少的金盞花，輕輕搖晃瓶子，讓油與金盞花溶合。放在日照好的地方約2周。 ※第二次也可以加入其他種類的香草。

●金盞花油的效果

金盞花接近深黃色的橙色，是紅蘿蔔素的顏色。多含於率黃色蔬菜的紅蘿蔔素，進入人體之後，可以變化成維他命A，可以鎮靜受傷之皮膚或黏膜的狀態，加以修復並導向健康。含有豐富紅蘿蔔素的金盞花油，對於治療肌膚產生的發炎很有效果。可以直接使用為按摩油，也可以做成乳霜與香皂的材料。 ※金盞花油有現成的成品出售。

7…放入遮光瓶中保存

和第一次同樣的過濾油，絞擰花瓣，放入遮光瓶中保存。然後貼上標籤，註明油的名稱與完成日期。

※最後油的份將減為8成左右，所以最初加入油的時候，必須考慮這一點，調整自己喜歡的量。使用遮光瓶是因為可以防止因陽光而造成油的氧化。

●冷浸法與溫浸法

浸漬油的浸漬法，分成了在常溫下進行的冷浸法跟隔水加熱的溫浸法。在正式的場合，是以香草有效成分的種類來做區分，這只有介紹冷浸法。浸漬油容易腐敗，特別是加溫過的油容易氧化，不適合用來做化妝品。用冷浸法作出需要的份量即可。

★利用各種香草製作

◆其他值得一試的有薰衣草 (抗菌、消炎)、康富利 (細胞活性化) 等。

◆聖約翰草

效果 消炎、止痛

◆迷迭香

效果 防止老化

◆香茅

效果 抗菌

◆百里香

效果 殺菌、淨化

◆德國甘菊

效果 消炎、止痛、肌膚修護

Make Good Use of Powerful Herb!

利用香草使肌膚更加美麗！

2 FACIAL STEAM 蒸臉

蒸臉是利用含有香草成分的蒸氣直接接觸面部，可以說是臉部專用的三溫暖。藉由蒸氣使毛孔張開，可以將老舊廢物除去。接著依香草種類的不同，可以具有保濕、殺菌、收斂的功效。另外吸入舒適的香味，也可讓身心都得到放鬆，可以給肌膚好的影響。覺得肌膚疲倦，或是對乾燥或青春痘介意的時候，一定要試試香草美容法。通常一周約1～2次，疲倦的時候可以兩天進行一次。但是極度乾燥或是敏感肌膚的人最好不要過度頻繁。

★試試蒸臉的功效

使用乾香草進行。所以要了解各種香草的功效，以及自己的肌膚狀態，選擇適合自己的。2～3種的混和，可以得到相乘的效果。每一次的份量約是單手抓一把。

●材料與道具●

乾香草1～3種
熱水
鍋子(附有蓋子)
長筷或湯匙
鍋墊
浴巾

★鍋子不要太高，以中大型為宜。沒有蓋子也可以利用錫箔紙。

●事先準備●

在卸完妝與洗完臉後進行。為了避免頭髮造成妨礙，長髮要綁在後面，然後用髮帶束起。蒸完臉的一段時間之後不要化妝或是不要出門，可以的話，最好就寢前進行。

1…在鍋子裡煮開熱水

在可以讓臉接收到蒸氣的中型鍋子裡煮開熱水。

2…加入香草

水開了之後熄火。將乾香草一口氣加入，用長筷或湯匙攪拌。

3…加上蓋子放置5分鐘

加上蓋子，使香草中的有效成分隨熱水溶出，約等待5分鐘。

4…移到容易接觸到蒸氣的場所

在桌子、洗臉台等容易進行蒸臉的地方放上鍋墊，將鍋子移過去。

5…用蒸氣抵住臉

打開蓋子，將臉移到鍋子上方。太靠近鍋子會燙傷，所以要多加留意。閉上眼睛以免造成刺激。

6…蓋上浴巾

為了提高蒸臉的效果，頭上蓋著浴巾，維持三溫暖的狀態。

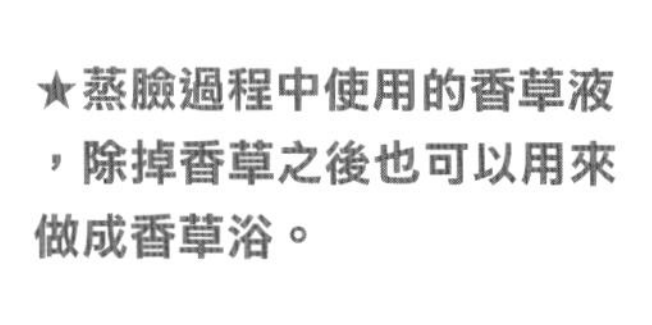
★蒸臉過程中使用的香草液，除掉香草之後也可以用來做成香草浴。

7…結束洗臉

經過10～15分鐘的蒸臉之後，要先以溫水洗臉，然後再以冷水收斂。必要時以化妝水、乳霜調整皮膚。
※蒸薰後之毛孔張開的狀態，以冷水或化妝水來縮緊。

★更簡單的蒸臉方式

●利用洗臉盆

使用鍋子進行蒸臉效果很大，不過也可以利用洗臉盆。在洗臉盆裡放入乾香草，到入沸騰的熱水。等2～3分鐘，以同樣的方式抵住臉部蒸臉。

Make Good Use of Powerful Herb!
利用香草使肌膚更加美麗！

HERB 3 TINCTURE 酊

酊是香草浸泡在酒精之中，以抽提出有效成分。酒精不只可以溶出油才能溶出的成分，也比熱水的抽提效果要好。對於酒精過敏的人，可以不要將原液直接使用在皮膚上，而是用RO純水稀釋之後做成化妝水。

★也向酊的製作挑戰

使用乾香草與伏特加製作。選擇良質，酒精濃度約為40度的伏特加酒。乾香草則參照精油與蒸臉的部分所介紹的。

●材料與道具●

乾香草 (2小匙)
伏特加 (5大匙)
果醬瓶、紙巾
計量杯、遮光瓶
※調節伏特加的量，讓香草可以完全被酒蓋住。

●事先準備●

乾香草之葉、枝、花瓣等如果形狀較大要用刀子切開，然後放在研缽中研細。

1 瓶子裡放入乾香草與伏特加酒，加蓋，輕輕搖晃之後置放2～3周。為了讓香草精華被抽提出來，要偶爾搖晃他。

2 計量杯上舖紙巾，將1過濾。最後絞擰紙巾，將所有的精華擠出。

3 移入遮光瓶內。寫上香草的名稱與日期，因為是從酒精中抽提而得，所以在常溫之下可保存約一年

●有效成分高的化妝水

將酊與RO純水混和，可以做成化妝水。做法很簡單，各取同量放入噴瓶中然後搖晃。不能使用酒精的人，可以將酊放在耐熱容器之中，注入同量沸騰的RO純水，使酒精成分蒸乾。與精製水混和之前隔水加熱也可以，放涼之後再移入化妝水的瓶子裡。

★你的肌膚需要哪一種香草

◆紅花苜蓿
效果 預防青春痘、肌膚粗糙

◆岩蘭草
效果 提高新陳代謝，預防青春痘

甘草
效果 保濕

◆柳橙花
效果 保濕

◆接骨木花
效果 收斂、消炎

◆蒲公英
效果 除去浮腫、修護問題肌膚

◆茴香
效果 除去毛孔髒污、使膚色明亮

◆迷迭香
效果 收斂、改善浮腫、除去暗沉

◆香茅
效果 抑制皮脂分泌

◆胡椒薄荷
效果 收斂、調整皮脂分泌

●旅行的時候

出差或旅行的時候，也可以帶著自己喜歡的精油。每天洗完臉之後，滴上一兩滴做蒸臉，可以使皮膚舒暢。※有美膚效果之香草種類，請參照p64。

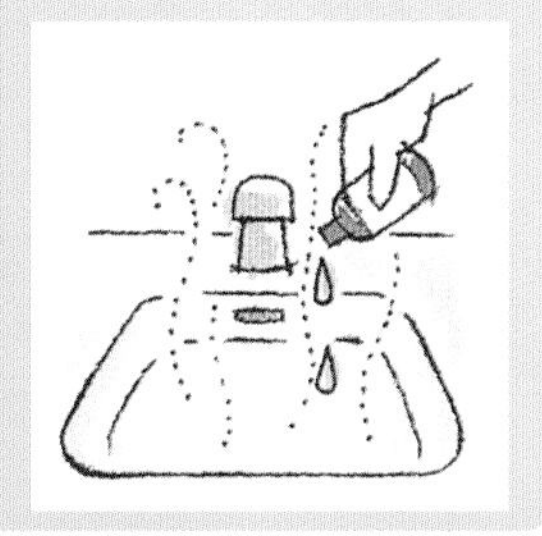

芳香療法的美容效果顯著！

更了解各種具有美容效果的精油，對於製作適合自己肌膚的化妝品更有助益。

30種可依皮膚狀況選擇的精油

《Essential Oil Dictionary》

歐白芷 ANGELICA

肌膚的性質★肌膚的情況

失去了光澤，似乎顯得疲憊

香辛料的味道，可以給予肌膚活力，讓肌膚的表情更為明亮。要留意光敏化作用。(→參照p65右上)

伊蘭伊蘭 YLANG YLANG

肌膚的性質★肌膚的情況

因為失去平衡而顯得乾燥

可以調整皮脂的平衡，使乾燥的肌膚濕潤，讓油性肌膚乾爽。懷孕中不能使用。(參照p65右上)

甜橙 ORANGE

肌膚的性質★肌膚的情況

肌膚沒有精神，無法上妝

可以使心情愉悅的柑橘系，受歡迎的油。具有收斂作用可以給予肌膚活力。要留意敏化作用。(參照p65右上)

胡蘿蔔子 CARROT SEED

肌膚的性質★肌膚的情況

皮膚鬆弛而感覺老化

採自紅蘿蔔種子的油。可以讓肌膚緊實，讓皮膚更年輕。懷孕中不能使用。(參照p65右上)

快樂鼠尾草 CLARY SAGE

肌膚的性質★肌膚的情況

臉色憂鬱

可以消除女性特有的憂鬱。使血液循環好，使膚色明亮。懷孕中不能使用。(參照p65右上)

絲柏 CYPRESS

肌膚的性質★肌膚的情況

肌膚容易出油，嚴重脫

可以調整皮脂分泌給予清涼，具有消解浮腫的作用。懷中不能使用。(參照p65右上)

30 ESSENTIAL OILS FOR HEALTHY SKIN

何謂精油？

精油指的是從自然的植物的花、莖、木、果皮等抽提出來，揮發性極高的液體。液體中含有高濃度此種植物所具有的香氣與成分，被利用於芳香療法。真正的精油，是只限於100%精純，極為難見的，所以購買時一定要找可以信的店家。

1…不可以直接接觸皮膚與飲用

因為是濃縮液，所以直接接觸會對皮膚造成強烈刺激。一定要稀釋，絕對不可以內服。

2…留意光敏化作用

柑橘系的精油具有光敏化作用，遇到紫外線會形成褐斑。所以使用後的12個小時要避免日光。

3…不可以使用的情況

懷孕或授乳期的人用精油按摩會經由皮膚的滲透，影響嬰兒。不過有一些還是可以安全使用，因此最好之前先與醫生進行討論。如果是敏感肌膚的人，容易引起紅腫或發癢，所以使用之前一定要先進行皮膚接觸測試。

4…適當保存，嚴格遵守使用期限

因為是極為精細的液體，所以一定要保存在陰涼的地方，開封後的半年至1年之內使用完畢。

檀香
SANDWOOD

肌膚的性質★肌膚的情況

介意乾燥與老化

是不挑剔膚質的萬能油，特別是介意乾燥與老化的肌膚，可以調整得更為細膩。對於青春痘也有效。

大西洋雪松
ATLAS CEDARWOOD

肌膚的性質★肌膚的情況

油性肌膚，易附著雜菌

具有極高的殺菌收斂效果，適合油性肌膚。可以加在潤絲醋(p16)中使頭皮清爽。懷孕中不能使用。

洋甘菊
CHAMOMILE GERMAM

肌膚的性質★肌膚的情況

皮膚粗糙，不易化妝

用於肌膚粗糙、紅腫的問題之用，可以修復成細膩的肌膚。對於日曬後的肌膚也有效。香味極強，敏感肌膚的人要多加注意。

杜松
JUNIPER

肌膚的性質★肌膚的情況

介意出油與暗沉

適合因為皮脂分泌旺盛而導致皮膚出油。可以收斂毛孔，防止暗沉，讓皮膚顯得明亮。對於浮腫也很有效。

天竺葵
GERANIUM

肌膚的性質★肌膚的情況

混和型肌膚，保養困難

保持油脂分泌正常，不論何種類型的肌膚，都可以期待他的潤澤效果。敏感肌膚的人不可以使用。

茶樹
TEA TREE

肌膚的性質★肌膚的情況

容易長青春痘、出油

很強的殺菌作用，可以預防青春痘。可少量直接接觸皮膚。對於頭皮屑也很有效，香味很強，使用時的量要稍加注意。

橙花
NEROLI

肌膚的性質★肌膚的情況

介意肌膚的乾燥、鬆弛、褐斑

由橙花中抽提而得。給乾燥與老化明顯的肌膚潤澤，使之緊實，有極高的美容效果，極為昂貴。

廣藿香
PATCHOULI

肌膚的性質★肌膚的情況

因青春痘、濕疹而引起的發炎

有很強的消炎作用，可以改善因濕疹而引起的發炎或嚴重的青春痘、肌膚粗糙，保持皮膚的穩定。因為香味強，所以用量不可太多。

玫瑰草
PALMAROSE

肌膚的性質★肌膚的情況

乾燥、出油、老化等可處理很多種問題

任何肌膚都可以使用之萬能精油。同時具有保濕與收斂的功效。還可以防止老化。

30 ESSENTIAL OILS FOR HEALTHY SKIN

茴香
FENNEL SWEET

肌膚的性質★肌膚的情況

肌膚浮腫，沒有精神

在意浮腫或是因為年齡而出現的老化時可以使用。懷孕中及敏感肌膚的人不可以使用。具有光敏化作用。(參照p65右上)

苦橙葉
PETITGRAIN

肌膚的性質★肌膚的情況

對環境變化敏感，容易長青春痘

可以提高肌膚的抵抗力與抗壓性。效能與橙花類似，有時候也可以代替使用。

乳香
FRANKINCENS

肌膚的性質★肌膚的情況

臉上睡覺的壓痕老是很難消失

使因老化而新陳代謝不良的肌膚，恢復年輕的有彈性。以重返年輕的精華而著名。

岩蘭草
VETIVER

肌膚的性質★肌膚的情況

肌膚老化，青春痘、疹子增多

提高肌膚的新陳代謝，使肌膚不易長青春痘或疹子。對於浮腫也有效。懷孕中不能使用。(參照p65右上)

胡椒薄荷
PEPPERMINT

肌膚的性質★肌膚的情況

經常洗臉還是為青春痘所苦

以強烈的殺菌作用清潔肌膚，可預防油性肌膚的青春痘、疹子以及出油。懷孕中不能使用。(參照p65右上)

佛手柑
BERGAMOT

肌膚的性質★肌膚的情況

油膩易沾惹髒污的皮膚

具有消毒作用，使油膩的肌膚保持清潔。對於青春痘、濕疹的預防有效。要留意光敏化作用。(參照p65右上)

安息香
BENZOIN

肌膚的性質★肌膚的情況

害怕冬天的乾燥，皮膚粗糙

給予皮膚彈性與緊實，介意乾燥的季節之中最適合的。嚴冬時可以用來按摩全身。敏感肌膚的人要多加注意。

尤加利
EUCAL YPTUS

肌膚的性質★肌膚的情況

因油脂過多所引起的青春痘困擾

擁有強力的殺菌效果，可以清潔肌膚並消除油性皮膚所引起的疹子或是青春痘，懷孕期間請勿使用。

薰衣草
LAVENDER

肌膚的性質★肌膚的情況

因曬傷而刺痛

以不挑剔膚質的萬能藥而聞名。可使細胞再生，不使曬傷殘留痕跡。也可以調整皮脂的改善青春痘。

檸檬
LEMON

肌膚的性質★肌膚的情況

因為夏季的出油而焦慮

可以調整皮脂的平衡。其殺菌作用也可以預防青春痘。要留意光敏化作用。(參照p65右上)

檸檬香茅
LEMONGRASS

肌膚的性質★肌膚的情況

毛孔粗大、肌膚油膩

適合毛孔粗大、肌膚油膩的人，可以收縮毛孔，緊實肌膚，對青春痘有效。懷孕中不能使用。(參照p65右上)

花梨木
ROSEWOOD

肌膚的性質★肌膚的情況

皮脂不足，皮膚過於乾燥

使皮脂的分泌正常，給予乾燥或粗糙的肌膚滋潤。也可以治療因乾燥而引起的[illegible]癢，並有除臭作用。

玫瑰
ROSE OTTO

肌膚的性質★肌膚的情況

對皮膚失去彈性、容易乾燥等有年輕化的效果

對老化所引起的小皺紋、黑斑、雀斑、鬆弛特別有效，價位高，懷孕期請勿使用。

迷迭香
ROSEMARRY

肌膚的性質★肌膚的情況

臉部容易疲倦、老化

收斂皮膚，讓臉上重現年輕神采的油。可以消除鬆弛與浮腫，預防青春痘。懷孕中不能使用。

羅馬甘菊
CHAMOMIL ROMAN

肌膚的性質★肌膚的情況

皮膚雖然偏乾，但是青春痘與發炎卻不曾停止

具消炎作用，可防止青春痘與疹子。對日曬後的肌膚，也有溫和的消炎作用。懷孕中或敏感肌膚者要多注意。

30 ESSENTIAL OILS FOR HEALTHY SKIN

同群、相鄰的一群可以互相搭配！

【香草系】
歐白芷
胡蘿蔔籽
快樂紅鼠尾草
茴香、胡椒薄荷
迷迭香、綠薄荷
西洋蓍草
鼠尾草、百里香

【樹木系】
絲柏
雪松
杜松
茶樹油
尤加利
橙葉、花梨木
樺樹

【柑橘系】
柳橙
佛手柑
檸檬、香茅
葡萄柚
椪柑、馬鞭草
蜂花、橘子

《混和技巧》

香味的性質

單獨使用效果也非常高的精油，混和之後，可以期待更高的效果。選擇性質相近的加以混和，還可以得到更新的香味。

【香辛系】
茴香
芫荽子
肉桂
荳蔻
黑胡椒
月桂樹

【芳香系】
德國甘菊
天竺葵
橙花、薰衣草
玫瑰油
羅馬甘菊
菩提樹

【香脂系】
乳香
安息香
樟樹
苦配巴
沒藥

【異國情調—東方系】
伊蘭伊蘭
白檀
廣藿香
玫瑰草
岩蘭草

精油的一滴

精油的一滴，表示倒轉瓶子，自然滴落下來的一滴。如果用力搖動瓶子，會大量的滴落，要特別小心。如果瓶子一倒過來，就會滴滴答答的滴落，就要留意自己拿瓶子的姿勢了。

完成香味、效果都如意

的 香 皂

肌膚變得光滑而有朝氣，迫不及待的沐浴時間！手製香皂的全部

香皂的製作與點心有些類似，雖然辛苦了一些，不過實際使用完成之香皂的喜悅卻是無法言喻。如果能夠成為製造手工皂的玩家(soaper)，香味、顏色、形狀，全部都是自己喜歡的，還可以解消皮膚的問題，親手完成這樣理想的香皂，不是一件夢想而已。那麼，你選擇的第一項又是什麼呢。

沐浴用 BATH SOAP 全身可以使用

多用途香皂
basic soap

觸感柔細的泡沫，從洗臉到洗頭，一切沐浴的工作皆可勝任。

是對初學者推薦之基本配方的全身用香皂。可以輕柔的保護肌膚，所以能用來洗臉。柔細的泡沫，更是讓人自豪。做法→p.72

馬上作出適合自己的香皂

香皂是由油脂與氫氧化鈉混合作成。是的，做法非常簡單。但是……如果用馬虎的心情進行，就會有很大的危險！因為藥品的使用與化學實驗相同。所以一定要集中精神，這裡要提出一些必須要注意的事項，請一定要記在腦子裡，向一流的香皂製作挑戰吧！

1…電子磅秤
製作香皂，正確計量材料是第一個重點。氫氧化鈉是以1g為單位計算，所以一定要用到電子磅秤。可以在百貨公司的廚具賣場或是電器行找到。

2…鍋
將油與氫氧化鈉混合時必須使用的工具因為要加入氫氧化鈉的緣故，所以必須使用不鏽鋼製的。製作香皂使用的鍋子，不可以用來做料理。

3…做香皂模之容器
這裡要使用塑膠製的容器。保溫的時候可以加蓋會比較方便。最好選擇可以將完成的香皂容易切開的形狀。

4…製作氫氧化鈉溶液容器
最好選耐熱性的塑膠容器，有蓋以及小注入口。可以到麥茶等飲料用容器賣場找找看。要選可以蓋緊，可以單手拿的為佳。

5…紙
計量氫氧化鈉時需要。影印紙比較容易使用，不可以使用感熱紙。

6…湯匙
計量氫氧化鈉時需要。要選擇塑膠製的，製作香皂必須單獨使用。

7…橡皮刮刀
計量油，或是將皂液倒入模型之時非常方便。不可以兼用於料理。

8…打蛋器
製作皂液時使用。要選擇不鏽鋼製的。不可兼用於料理。

9…溫度計
準備可以計量至100℃的溫度計2隻。可以到百貨公司的廚具賣場找。

10　毛巾
將皂液放入容器中保溫時，為防止漏出而使用。可以使用舊毛巾。

11…保溫袋
包裹放入皂液的容器以保持溫度之用。可在大型的超市、百貨公司家庭用品賣場購得。

12…砧版
切割香皂時使用。要選擇足夠大的，不可以兼用於料理。

13…菜刀
用於切開香皂時使用。也可以使用菜刀之外的刀子。不可以兼用於料理。

14…計量匙
加入附加材料於香皂之中時使用，因為沒有接觸到氫氧化鈉的緣故，所以可以兼用於料理。

15…計量杯
依照配方加入材料於香皂之中時使用，因為沒有接觸到氫氧化鈉的緣故，所以可以兼用於料理。

16…湯匙
加入粉狀之附加材料時使用，或是將皂液加入容器中時使用。不可以兼用於料理。

17…玻璃容器
加入粉狀附加材料時，或是分裝皂液時使用。請選用玻璃製的，不可以兼用於料理。

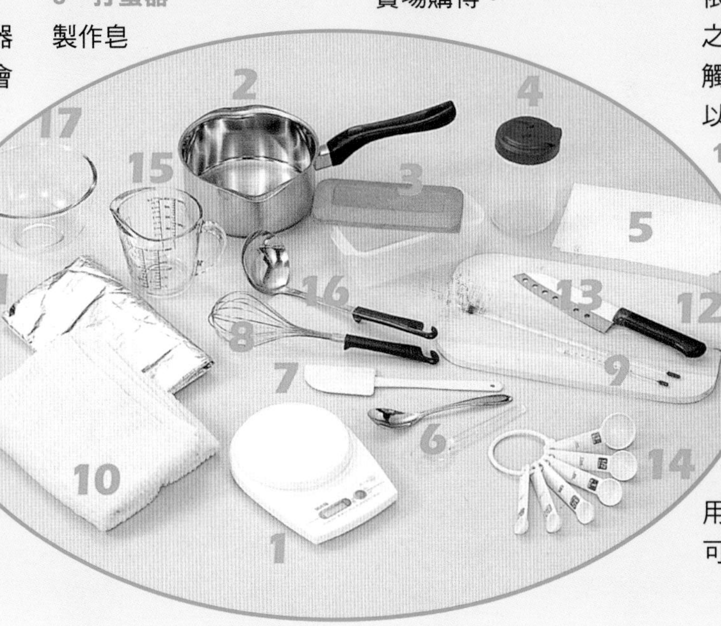

製作香皂時不可或缺的材料

◆氫氧化鈉

也就是氫氧化鈉。在製作香皂的時候，將氫氧化鈉溶於RO純水中再加入油裡。不可直接用手接觸，水溶液或皂液接觸皮膚都會造成灼傷，所以請充分加以留意。一般藥局就可買到，因為是危險藥品，所以購買時一定要寫清楚姓名與使用用途，還要蓋章。

◆RO純水

溶解氫氧化鈉時使用。很容易可以在藥局中購得。自來水與礦泉水都不適合用來製造香皂。

◆基本用油

本書的香皂配方裡，基本用油中少不了椰子油和棕櫚油。椰子油做的香皂容易起泡，棕櫚油做的則不容易變形。

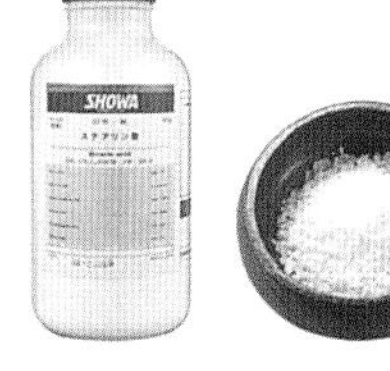

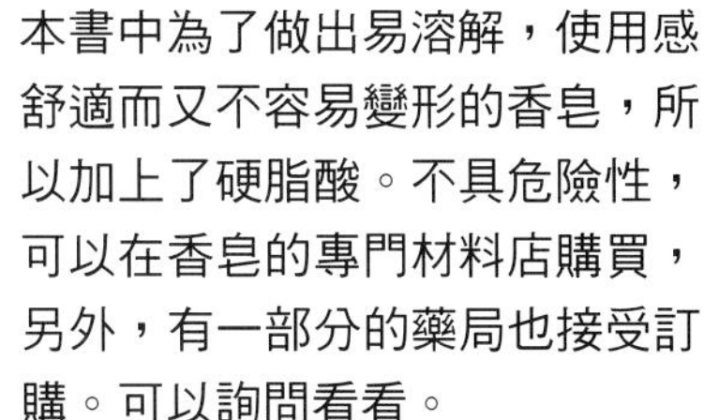

◆硬脂酸

本書中為了做出易溶解，使用感舒適而又不容易變形的香皂，所以加上了硬脂酸。不具危險性，可以在香皂的專門材料店購買，另外，有一部分的藥局也接受訂購。可以詢問看看。

開始做香皂之前！

1 所有準備好的道具、材料要放在手搆得到的地方

製作肥皂，微妙的時機是很重要的。開始做肥皂之後，才開始準備材料的話，很可能會出現該加入液體了，描跡已經出現了等等錯失時機的情況。所以一定要在開始之前將所有的東西準備好。

2 放垃圾的塑膠袋底下舖上報紙，放在手邊

滴下來的皂液用衛生紙擦掉，咚的一聲丟進垃圾桶是很危險的一件事情。混合的氫氧化鈉一定要用塑膠袋密封好後丟棄。像這樣準備好舖著的塑膠袋，收拾的時候會方便很多。

3 製作香皂的時候要先做好服裝的準備

或許聽來有點誇張，不過，製作香皂時要準備好服裝。

處理氫氧化鈉一定要有橡膠手套。氫氧化鈉放入RO純水中的時候，會有些微的異味出現。為了避免吸入最好帶上口罩，同樣的理由，為了保護眼睛，有眼鏡的人最好帶上眼鏡，如果沒有，也可以用游泳時用的泳鏡。上衣挑件穿弄髒了也沒關係的，最好是長袖，並且穿上圍裙。

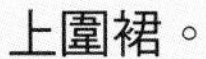

這不只是具體的保護自己，像這樣的服裝準備，最大的目的是可以保持緊張感。據說製作肥皂最危險的是因為習慣之後而導致的粗心大意。雖然不曾聽過有出現重大事故，但還是會有些微的燙傷以及失敗後的不快感。製作香皂是為了享受快樂，所以應該要充分小心的進行。

●製作香皂的時候為什麼要先放入椰子油●

製作香皂的時候，必須要先將油加熱。一般的油加熱容易出現提早氧化，所以才先加熱不易氧化的椰子油，然後加熱其他的油，以防止氧化的提早出現。而且本書中為了要加入硬脂酸，所以一開始必須要加熱至70℃，才能使硬脂酸溶解。所以選用不易氧化的椰子油最為恰當。棕櫚油也同樣是不容易氧化的油。雖然不管哪一種都可以先加熱，不過，先加熱量多的油，再倒入剩下的可以比較不容易冷卻。

◆材料請參照p46～52。

…因為是第一次做香皂，所以…

沒有關係，最基礎的做法，也不容易失敗，試試做一塊全身都適用的香皂吧。

就算是第一次，只要遵照規定，依說明書進行就不會有任何的問題。首先先製作基本的香皂。因為只有3種類的油，所以做法很簡單，就可以完成容易起泡，感覺舒適的洗澡用香皂。

基本香皂
多用途香皂 (P.69) 的做法

●材料●

橄欖油………………200g
椰子油………………200g
棕櫚油………………150g
硬脂酸………………15g
RO純水……………192g
氫氧化鈉……………80g

STEP 1

1…計量RO純水

磅秤上放要做氫氧化鈉液的容器，將刻度歸零，小心的將RO純水倒入容器中。為避免倒太多，要注視著刻度小心注入。

2…計量氫氧化鈉

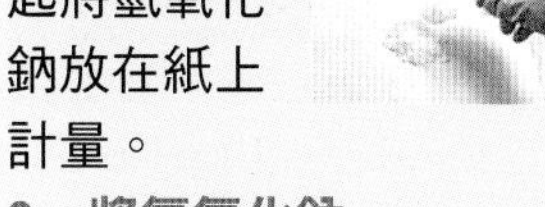

磅秤上放著厚紙，將刻度歸零。用湯匙將氫氧化鈉放在紙上計量。

3…將氫氧化鈉倒入RO純水中

小心的將紙上的氫氧化鈉倒入水中。氫氧化鈉接觸空氣就會溶解，所以速度要快。

4…攪拌氫氧化鈉加以溶解

為了避免容器翻倒，所以要一隻手扶著容器，一隻手用湯匙攪拌氫氧化鈉。如此就完成了氫氧化鈉溶液。

STEP 2

5…計量硬脂酸

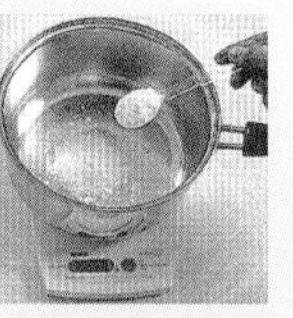

磅秤上方放著作皂液用的容器，將刻度歸零。慢慢加入硬脂酸計量。硬脂酸也可以放上其他容器或紙上計量之後，再到入鍋子裡。

6…計量椰子油

磅秤上放5的鍋子，將刻度歸零，慢慢放入椰子油(小心不要放太多)。椰子油最好用其他容器計量後再到入鍋中。

7…用小火溶解硬脂酸

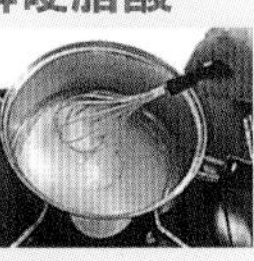

鍋子點上小火，用打蛋器慢慢攪拌，好讓硬脂酸溶解。

8…硬脂酸溶解就熄火

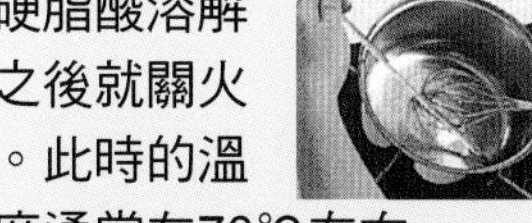

硬脂酸溶解之後就關火。此時的溫度通常在70℃左右。

9…計量其餘的油

計量剩餘的油 (在這裡是橄欖油與棕櫚油)。將容器放在磅秤上，刻度歸零，第一種油計量完畢之後再度歸零，接著計量下一種，就會非常方便。

10…將油倒入鍋中充分攪拌

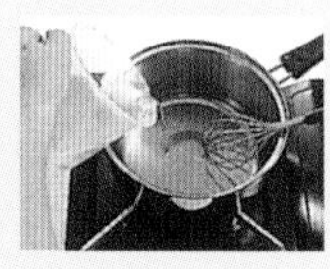

將計量好的油倒入鍋中用打蛋器充分攪拌，讓油與硬脂酸充分融合。※容器中剩下的油也包含在份量中，所以要用刮刀刮起。

●以上的做法都是以使用電子磅秤為前提而書寫。

STEP 3

11…等待液鹼降溫至40～50℃

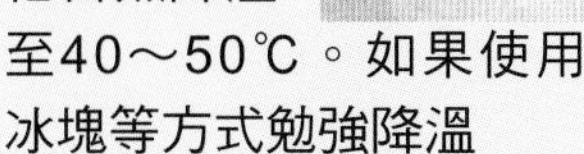

測量液鹼的溫度，等待他自然降溫至40～50℃。如果使用冰塊等方式勉強降溫，容易使容器爆裂，液鹼一但進了水就會產生危險，所以一定要放置自然冷卻。

如果要加入附加材料，可以利用這個時間準備。

12…測量油的溫度

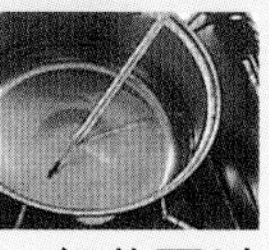

等待液鹼冷卻的時間裡，要不斷的測量油的溫度，如此可以更了解油的處理方式。

13…油的如度如果太低要重新加溫

與液鹼相比，油更容易冷卻。當液鹼降至40～50℃之後，油大概也降至同樣的溫度。重新加溫要以迅速離火為訣竅，因為很可能離火之後溫度依然繼續上升。

14…要確認兩邊都同為40～50℃

兩邊同時插入溫度計，確認溫度同樣為40～50℃左右。不需要完全相同，只要盡量接近即可。

15…將液鹼加入鍋中

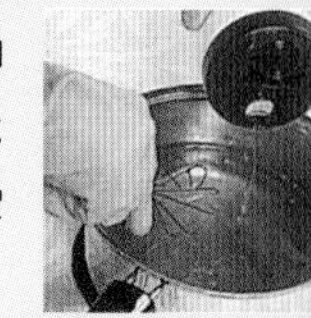

將油用打蛋器攪拌，另一隻手拿液鹼的容器，慢慢的加入鍋中。重點是要將液鹼慢慢的倒入。小心進行，避免一口氣加入。

16…最初的20分鐘要不停的攪拌

將液鹼全部加入後，到鍋子中的溶液越來越粘稠之

前，要持續20分鐘不停的攪拌。皂液變得濃稠之後，就可以間歇性的攪拌。這個時候皂液會因為越來越濃稠而變得沉重，稱之為「描跡出現」。

※描跡如果一直無法出現，可能是溫度過低。所以要測量溫度，一面攪拌一面用小火加熱至40℃左右。

17…變成了美乃滋狀就可以了

皂液如果變成美乃滋狀，就表示描跡出現

了。感覺稍微有點稀薄，不過這樣比較容易處理。太稠的皂液不容易倒進模型裡。※如果想要加入附加材料，就要趁現在。加入的方式會因材料而不同，請參照 p76、77、81、87、91、95。

STEP 4

18…倒入容器

將皂液倒入當作香皂模型的容器之中。小心避免漏出。※為了完整將香皂從模型

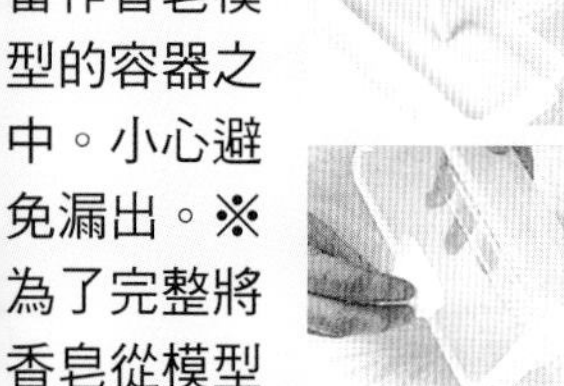

取出，在模型內塗上一層凡士林。

19…留在鍋底的皂液用橡皮刮刀全部倒入模型中

如果有皂液留在鍋底，趁熱用橡皮

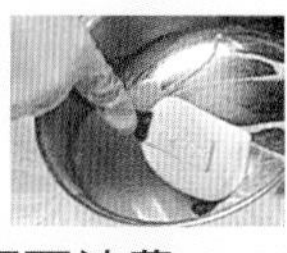

刮刀刮起，不要浪費。

20…使皂液穩定

稍微晃動容器，使皂液穩定。若是

有蓋的容器加蓋，如果沒有蓋子則包上保鮮膜。

21…用毛巾包裹

皂液可能會從容器中溢出來，所以

要用毛巾或是新的報紙包住。

22…用保溫墊包著

為了保持皂液的溫度，所以要用保溫墊包裹。

並沒有規定要用何種方式保溫，可以自己設法。

※另外一種保溫方式，是放入保麗龍箱裡，也可以包著毛毯或毛巾之後，放入瓦楞紙箱中。使用保麗龍箱或瓦楞紙箱的另一個優點，是可以放入裝著熱水 (60℃左右)的保溫瓶，以提高保溫力。

23…在房間中溫暖的地方放置約24小時

冬天放在暖爐附近，夏天放在不使

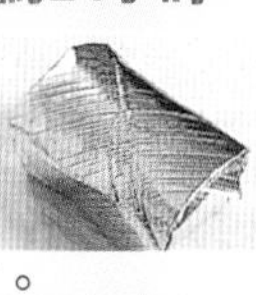

用冷氣的地方。

STEP 5

24…從保溫狀態中取出

經過24小時之後，將放入皂液的容器從保溫狀

態中取出，放在通風好的地方數日，不過，日數會因氣候與溫度而不同，平均約在3～7日。 ※如果操之過急，勉強從容器中取出會溶液導致變形。

25…將肥皂從容器中取出

經過數日之後，肥皂應該十分穩定

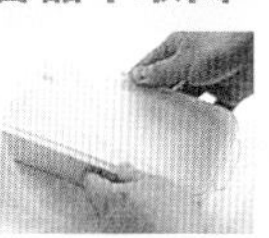

了，可以用手將容器拉開，把肥皂取出來。如果肥皂無法脫出，可能是時間還不夠，再放在通風好的地方1～3天。

※急著用的時候，可以放在冰箱冷藏1個小時，就可以拿出來了。

26…倒扣容器，把肥皂取出來

如果不能很順利的取出，可以在

砧板上倒扣容器，把肥皂取出來。

27…切分香皂

用刀子或乳酪刀，將香皂切成適當

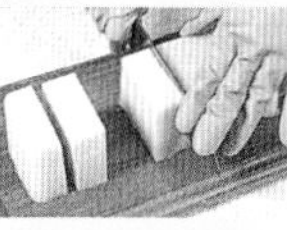

大小。香皂太大或是太小都不好使用。所以，最好稍微考慮一下尺寸再切。

28…將香皂以些微的距離排放

為了充分乾燥，將香皂以些微的距離

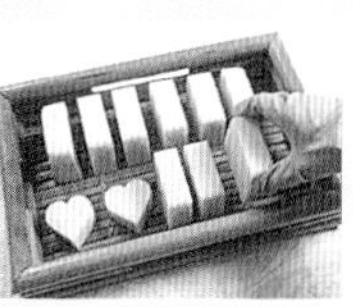

排放。可以放在托盤上，移動也比較方便。

29…放在通風良好的地方充分乾燥

如果遭受日光直射，其中油的成分

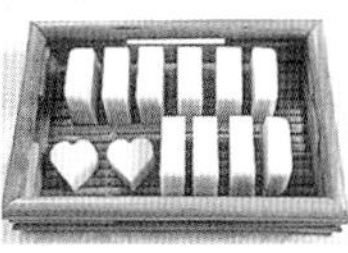

容易氧化，所以要放在不會遭受直接日照的地方。為了完成使用感好的香皂，充分乾燥是很重要的重點。通常要經過1～2個月的時間，才能夠加以使用。

收拾也是非常重要的！

氫氧化鈉部可以直接就丟棄。製作香皂的時候，要準備塑膠袋、報紙，還有衛生紙和毛巾，汙物一定要用報紙或衛生紙擦掉，然後用塑膠袋包好，放在可燃垃圾裡。

香皂的高明切法

切割香皂也是很有趣的一種作業，但是要有美麗的切口，就必須要有點訣竅了。另外尺寸大小還得要考慮使用的方便性。

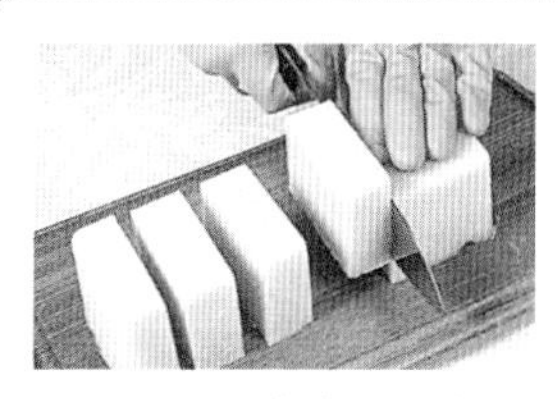

刀子切到下方之後，直接向上方慢慢抬起即可。

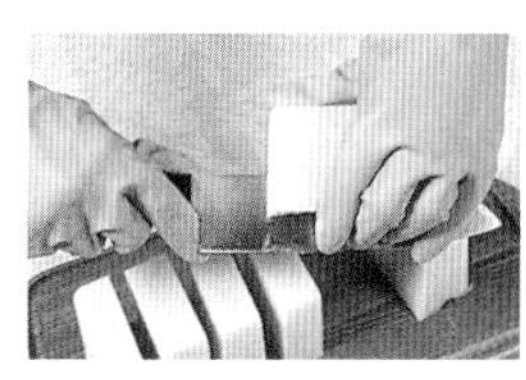

肥皂粘在刀子上時，可以用手抓住香皂，慢慢滑動拉開。

用餅乾模壓出也可以有漂亮的形狀。

有關模型裡塗上凡士林，可以參照 p120的 Q11

洗臉｜WASHING FACE 滋潤

洋甘菊與蜂蜜

chamomile & honey soap

給冬天的粗糙充分的水分，讓肌膚享受舒適感

母性的香草，使用以橄欖油浸過的洋甘菊。有超群的保濕效果。蜂蜜的甜香更是誘人。做法→p76

洗臉｜WASHING FACE 改善暗沉

滋潤肌膚的細泥香皂

clay soap

不對肌膚造成負擔就可以除去角質，石泥的效果讓人感動

細泥可以除去毛孔的髒汙，成就膚色明亮的白色肌膚。敷臉有點麻煩，做成香皂就可以天天使用了。做法→p77

洗臉 | WASHING FACE

保護敏感肌膚

月見草香皂

evening primrose soap

月見草油的配方可以保護害怕刺激的脆弱肌膚，不緊繃，不疼痛

可以保護敏感肌膚的月見草，再加上與肌膚成分最接近的澳洲胡桃油，是最溫和的洗面皂。做法→p77

開始製作香皂之前，一定要先閱讀本書70～73頁的部分，確認道具與材料都準備好了，才依做法順序進行。順序的照片，最好就放在旁邊做參考。

洋甘菊與蜂蜜 (p.74) 作法

1

將RO純水與氫氧化鈉分別計量之後加以混合，做成液鹼。

2

鍋子裡放入份量的硬脂酸與椰子油，用打蛋器一邊攪拌，一邊用火加熱，等硬脂酸溶解之後離火。

3

計量其餘的油後加入。黏在容器上的油要用橡皮刮刀刮起。用打蛋器充分攪拌，使油和硬脂酸充分融合。

4

測量液鹼的溫度，等待他自然降溫至40～50℃。在這期間可以計量附加的材料蜂蜜，放入耐熱容器之中。

5

確認油與液鹼溫度同樣為40～50℃左右。在鍋子裡一點點加入液鹼攪拌。※如果油溫度不夠，用小火重新加熱至40℃。為了避免油溫過度上升，在溫度計達到40℃之前就應該要將火熄掉。

6

將液鹼全部加入之後，到鍋子中的溶液越來越粘稠之前，要持續20分鐘不停的攪拌。皂液變得濃稠之後，就可以間歇性的攪拌。 ※這個時候皂液會因為越來越濃稠而變得沉重，稱之為「描跡出現」。如果皂液的溫度太低，描跡就不容易出現，所以要將鍋子重新加熱至40℃左右再攪拌。

7

皂液變成美乃滋狀後，將4中所準備的蜂蜜用隔水加熱或微波爐加熱至40℃後加入，充分攪拌。

※參照下方「附加材料的加入方式」。

8

將皂液倒入當作香皂模型的容器之中，小心避免漏出。留在鍋底的皂液用橡皮刮刀全部倒入模型中。

9

有蓋的容器加蓋，如果沒有蓋子則包上保鮮膜。

10

因為皂液可能會從容器中溢出來，所以要用毛巾或是新的報紙包住，再用保溫墊包裹。直接放在室溫較高的地方保溫24小時。

※其他保溫方式請參照p73。

11

將容器拿出來，把蓋子或保鮮膜打開，直接在通風處放置數日。 ※日數會因氣候與溫度而不同，平均約在3日～1周間。如果操之過急勉強從容器中取出會溶液導致變形。

12

將肥皂從容器中取出來。如果肥皂無法脫出，可能是時間還不夠，再放在通風好的地方1～3天。急著用的時候，可以放在冰箱冷藏1個小時，就可以拿出來了。

13

取出來的香皂用刀子或乳酪刀切成適當大小。

14

以適當的距離排放香皂，放在通風好的地方充分乾燥。 ※香皂若遭受日光直射，其中油的成分容易氧化，所以要放在不會遭受直接日照的地方。香皂要能實際使用通常還要經過1～2個月的乾燥時間。

●材料●

橄欖油 (西洋甘菊浸漬油)……250g
椰子油……150g
棕櫚油……150g
硬脂酸……15g
蜂蜜……2小匙

RO純水……192g
氫氧化鈉……77g

※這裡使用的橄欖油是用洋甘菊之香草浸漬過的，詳細做法請參照 p60～之記載。

●附加材料的加入方式●

★加入蜂蜜與油類的時候

先在耐熱容器中稍微加熱，然後直接到入鍋中充分攪拌。加熱的方式有隔水加熱與微波爐加熱兩種，用微波爐加熱要特別小心，先用10秒，不夠再用10秒。

滋潤肌膚的細泥香皂 (p.74) 作法

1
將RO純水與氫氧化鈉分別計量之後加以混合，做成液鹼。

2
鍋子裡放入份量的硬脂酸與椰子油，用打蛋器一邊攪拌，一邊用小火加熱，等硬脂酸溶解之後離火。

3
計量其餘的油後加入充分攪拌。

4
測量液鹼的溫度，等待他自然降溫至40～50℃。在這期間可以準備附加的材料細泥。

5
確認油與液鹼溫度同樣為40～50℃左右。在鍋子裡一點點加入液鹼攪拌。※如果油溫度不夠，用小火重新加熱至40℃。

6
到鍋子中的溶液越來越粘稠之前，要持續20分鐘不停的攪拌。皂液變得濃稠之後，就可以間歇性的攪拌。※這個時候皂液會因為越來越濃稠而變得沉重，稱之為「描跡出現」。如果描跡一直不出現，將鍋子重新加熱至40℃左右。

7
皂液變成美乃滋狀後，取一湯匙的量放在容器中，加入細泥充分攪拌，再放回鍋中。※參照下方「附加材料的加入方式」。

8
將皂液倒入當作香皂模型的容器之中，加蓋或是包上保鮮膜。用不要的毛巾或是新的報紙包住，再用保溫墊包裹。直接放在室溫較高的地方保溫24小時。※其他保溫方式請參照 p73。

9
將容器拿出來，把蓋子或保鮮膜打開，直接在通風處放置數日。

10
接著將香皂取出，用刀子或乳酪刀切成適當大小。※從模型中取出的方法參照 p73。

11
以適當的距離排放香皂，放在通風好的地方充分乾燥。※小心不要受日光直射，最好的使用狀態是約經過1～2個月後。

●材料●

橄欖油……150g
椰子油……150g
棕櫚油……150g
蓖麻油……100g
硬脂酸……15g
細泥……1大匙
RO純水……192g
氫氧化鈉……77g

※這裡使用的細泥請參照p107 頁記載選用自己喜歡的，照片中使用的是玫瑰細泥。

●附加材料的加入方式●

★加入粉狀材料的時候

先取一湯匙的皂液放進容器中

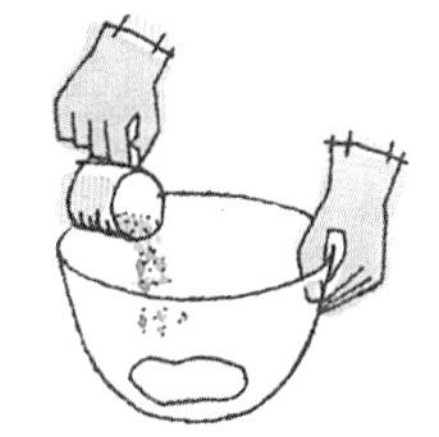

將粉狀材料倒入容器裡

將容器中的皂液重新放回鍋中充分攪拌

月見草香皂香皂 (p.75) 作法

1 將RO純水與氫氧化鈉分別計量之後加以混合，做成液鹼。

2 鍋子裡放入份量的硬脂酸與椰子油，用打蛋器一邊攪拌，一邊用小火加熱，等硬脂酸溶解之後離火。計量其餘的油後加入充分攪拌。

3 等待液鹼的溫度自然降溫至40～50℃。

4 參照72～73之step3製作皂液。

5 皂液變成美乃滋狀後，小心避免溢出的倒入當作香皂模型的容器之中，加蓋或是包上保鮮膜。用不要的毛巾或是新的報紙包住，再用保溫墊包裹。直接放在室溫較高的地方保溫24小時。

6 將容器拿出來，把蓋子或保鮮膜打開，直接在通風處放置數日。接著將香皂取出，用刀子或乳酪刀切成適當大小。放在通風好的地方充分乾燥。

●材料●

澳洲胡桃油……200g
椰子油、棕櫚油…各150g
月見草油……50g
硬脂酸……20g
RO純水……192g
氫氧化鈉……77g

◆月見草油即是 evening primrose oil

洗臉｜WASHING FACE

問題肌膚的呵護

酪梨油香皂

avocado oil soap

因為刺激少，
連問題肌膚也可以放心享受
洗臉後的清爽

使用可以溫柔的給予肌膚滋潤的酪梨油。建議使用於對刺激敏感或是曬傷的肌膚。做法→p80

洗臉｜WASHING FACE

美白

歐石楠與玫瑰果香皂

heath & rose hip soap

每天洗臉持續進行美白
褐斑、雀斑就變淡了

玫瑰果的美白作用相當明顯，是雀斑、褐斑肌膚用的洗面皂。含豐富維他命C的玫瑰果可以防止色素的沉澱。
做法→p80

洗臉 | WASHING FACE

預防青春痘

茶樹精油與薰衣草香皂

ea tree & lavender soap

清爽的香味讓人精神愉快，
精油配方又有極好的殺菌效果。

茶樹與薰衣草精油有
很好的殺菌作用。不
僅使用感佳也可以讓
精神舒爽。
做法→p81

洗臉 | WASHING FACE

頭皮保養

保養頭皮洗髮皂

scalp care shampoo

可以抑制皮脂分泌，
清爽的洗淨，
維護健康的頭髮，清爽的頭皮

脫髮、頭皮屑、發癢等都是皮脂分泌
造成的，用手製的洗髮皂清潔頭皮，
可以讓秀髮更健康。做法→p81

開始製作香皂之前，一定要先閱讀本書70～73頁的部分，確認道具與材料都準備好了，才依做法順序進行。順序的照片，最好就放在旁邊做參考。

酪梨油香皂 (p.78) 作法

1
將RO純水與氫氧化鈉分別計量之後加以混合，做成液鹼。

2
鍋子裡放入份量的硬脂酸與椰子油，用打蛋器一邊攪拌，一邊用小火加熱，等硬脂酸溶解之後離火。計量其餘的油後加入充分攪拌。

3
讓液鹼的溫度自然降溫至40～50℃。讓油與液鹼溫度同樣為40～50℃左右。在鍋子裡一點點加入液鹼攪拌。※如果油溫度不夠，用小火重新加熱至40℃。

4
參照 p72～73 之 step3 製作皂液，皂液變成美乃滋狀後，小心避免溢出的倒入當作香皂模型的容器之中，加蓋或是包上保鮮膜。用不要的毛巾或是新的報紙包住，再用保溫墊包裹。直接放在室溫較高的地方保溫24小時。

5
將容器取出，把蓋子或保鮮膜打開，直接在通風處放置數日。接著將香皂從模型中取出，用刀子切成適當大小。放在通風好的地方充分乾燥。

●材料●

酪梨油……………………250g
椰子油……………………200g
棕櫚油……………………100g
硬脂酸………………………20g

RO純水…………192g
氫氧化鈉…………78g

歐石楠與玫瑰花 (p.78) 作法

1
將RO純水與氫氧化鈉分別計量之後加以混合，做成液鹼。

2
鍋子裡放入份量的硬脂酸與椰子油，用打蛋器一邊攪拌，一邊用小火加熱，等硬脂酸溶解之後離火。

3
玫瑰果除外，其餘的油計量後加入充分攪拌。

4
測量液鹼的溫度，等待他自然降溫至40～50℃。在這期間可以準備附加的材料的玫瑰果油與歐石楠。

5
等油與液鹼溫度同樣為40～50℃左右，在鍋子裡一點點加入液鹼攪拌。※若油溫度不夠，用小火重新加熱至40℃。

6
到鍋子中的溶液越來越粘稠之前，要持續20分鐘不停的攪拌。皂液變得濃稠之後，就可以間歇性的攪拌。※這個時候皂液會因為越來越濃稠而變得沉重，稱之為「描跡出現」。如果描跡一直不出現，將鍋子稍微重新加熱。

7
皂液變成美乃滋狀後，取一湯匙的量放在容器中，加入溫熱過的玫瑰果油與歐石楠，再放回鍋中充分攪拌。※參照p76、77「附加材料的加入方式」。

8
將皂液倒入當作香皂模型的容器之中，加蓋或是包上保鮮膜。用不要的毛巾或是新的報紙包住，再用保溫墊包裹。直接放在室溫較高的地方保溫24小時。※其他保溫方式請參照p73。

9
將容器取出，把蓋子或保鮮膜打開，直接在通風處放置數日。

10
接著將香皂取出，用刀子切成適當大小。
※從模型中取出的方法參照p73。

11
以適當的距離排放香皂，放在通風好的地方充分乾燥。※小心不要受日光直射，最好的使用狀態是約經過1個半月～2個月的時間之後。

●材料●

橄欖油……………………200g
椰子油……………………200g
棕櫚油……………………150g
硬脂酸………………………15g
玫瑰果油……………2小匙
★乾香草
歐石楠 (磨碎的)
……………………1大匙

RO純水…………192g
氫氧化鈉…………78g

※歐石楠可以用粉碎器與磨缽磨細。

◆乾香草 p.22～與 p.60～，精油參照 p.64～，其他材料 p.46～52。

茶樹精油與薰衣草香皂 (p.79) 作法

1

將RO純水與氫氧化鈉分別計量之後加以混合，做成液鹼。

2

鍋子裡放入份量的硬脂酸與椰子油，用打蛋器一邊攪拌，一邊用小火加熱，等硬脂酸溶解之後離火，其餘的油計量後加入充分攪拌。

3

測量液鹼的溫度，等待他自然降溫至40～50℃。在這期間可以將附加材料的精油計量後加入。

4

確認油與液鹼溫度同樣為40～50℃左右。在鍋子裡一點一點加入液鹼攪拌。 ※如果油溫度不夠，用小火重新加熱至40℃。

5

到鍋子中的溶液越來越粘稠之前，要持續20分鐘不停的攪拌。皂液變得濃稠之後，就可以間歇性的攪拌。

6

皂液變成美乃滋狀後，加入精油充分攪拌。 ※參照下方「附加材料的加入方式」。

7

小心避免漏出的將皂液倒入當作香皂模型之中，加蓋或是包上保鮮膜。用不要的毛巾或是新的報紙包住，再用保溫墊包裹。直接放在室溫較高的地方保溫24小時。

8

將容器取出，把蓋子或保鮮膜打開，直接在通風處放置數日。接著將香皂取出，用刀子或乳酪刀切成適當大小。放在通風好的地方充分乾燥。 ※小心不要受日光直射，最好的使用狀態是約經過1個半月～2個月的時間之後。

●材料●

酪梨油……………250g
椰子油……………200g
棕櫚油……………100g
硬脂酸……………20g
★精油
　茶樹……………2小匙
　薰衣草…………1小匙

RO純水………192g
氫氧化鈉………80g

◆照片中的香皂使用了綠色系的顏料。

保養頭皮洗髮皂 (p.79) 作法

1

將RO純水與氫氧化鈉分別計量之後加以混合，做成液鹼。

2

鍋子裡放入份量的硬脂酸與椰子油，用打蛋器一邊攪拌，一邊用小火加熱，等硬脂酸溶解之後離火，其餘的油計量後加入充分攪拌。

3

測量液鹼的溫度，等待他自然降溫至40～50℃。在這期間可以將附加材料的精油計量後加入。

4

參照72～73之step3製作皂液。等皂液變成美乃滋狀後，加入精油充分攪拌。 ※參照下方「附加材料的加入方式」。

5

小心避免漏出的將皂液倒入當作香皂模型之中，加蓋或是包上保鮮膜。用不要的毛巾或是新的報紙包住，再用保溫墊包裹。直接放在室溫較高的地方保溫24小時。

6

將容器取出，把蓋子或保鮮膜打開，直接在通風處放置數日。接著將香皂取出，用刀子或乳酪刀切成適當大小。放在通風好的地方充分乾燥。 ※最好的使用狀態是約經過1個半～2個月的時間之後。

●材料●

橄欖油 (迷迭香浸漬油)
……………………150g
椰子油……………200g
棕櫚油……………150g
蓖麻油……………50g
硬脂酸……………15g
★精油
　薄荷……………2小匙
　迷迭香…………1小匙

RO純水………192g
氫氧化鈉………81g

※這裡使用的橄欖油是將迷迭香香草浸入 (迷迭香浸泡油)。請參照p60～之記載。

●附加材料的加入方式●

★加入液狀材料的時候

直接加入鍋中，充分攪拌。

洗髮 | SHAMPOO BAR

讓頭髮
有活力

山茶花洗髮皂

camellia shampoo

乾燥的頭髮就會失去活力，
這時候日本傳統的山茶花油
就可以發揮作用了

在日本，談到滋養頭髮，不可忽略的就是山茶花油，所以製作良質的洗髮皂石當然不能忘了它。

做法→p84

洗臉｜WASHING FACE

清爽

天竺葵洗面皂

geranium soap

不再有脫妝的困擾，
最適合油性肌膚的洗面皂

加入了可以抑制皮脂分泌的天竺葵精油，在黏膩的夏天裡帶來清爽感。

做法→p85

洗臉｜WASHING FACE

預防青春痘

杏仁粉與蜂蜜香皂

almond meal & honey soap

溫和的洗淨，
去除毛孔內的髒污，
保持肌膚的清潔

只是洗臉就能夠預防青春痘，真是太好了！利用杏仁的洗淨力與蜂蜜之殺菌效果的自然派香皂。

做法→p85

配方 RECIPE

開始製作香皂之前，一定要先閱讀本書70～73頁的部分，確認道具與材料都準備好了，才依做法順序進行。順序的照片，最好就放在旁邊做參考。

山茶花香皂 (p.82) 作法

1

將RO純水與氫氧化鈉分別計量之後加以混合，做成液鹼。

2

鍋子裡放入份量的硬脂酸與椰子油，用打蛋器一邊攪拌，一邊用小火加熱，等硬脂酸溶解之後離火。

3

荷荷芭油除外，計量其餘的油加入充分攪拌。

4

測量液鹼的溫度，等待他自然降溫至40～50℃。在這期間可以準備附加的材料荷荷芭油。

5

確認油與液鹼溫度同樣為40～50℃左右。在鍋子裡一點點加入液鹼攪拌。※如果油溫度不夠，用小火重新加熱至40℃。

6

到鍋子中的溶液越來越粘稠之前，要持續20分鐘不停的攪拌。皂液變得濃稠之後，就可以間歇性的攪拌。 ※這時皂液會因為越來越濃稠而變得沉重，稱為「描跡出現」。如果描跡一直不出現，將鍋子重新加熱至40℃左右。

7

皂液變成美乃滋狀後，加入溫熱過的荷荷芭油充分攪拌。 ※參照 p76「附加材料的加入方式」。

8

將皂液倒入當作香皂模型的容器之中，加蓋或是包上保鮮膜。用不要的毛巾或是新的報紙包住，再用保溫墊包裹。直接放在室溫較高的地方保溫24小時。 ※其他保溫方式請參照 p73。

9

將容器取出，把蓋子或保鮮膜打開，直接在通風處放置數日。

10

將香皂取出，用刀子切成適當大小。 ※從模型中取出的方法參照 p73。

11

以適當的距離排放香皂，放在通風好的地方充分乾燥。 ※小心不要受日光直射，最好的使用狀態是約經過1個半月～2個月的時間之後。

●材料●

山茶花油……………200g
椰子油、棕櫚油…各150g
澳洲胡桃油…………50g
硬脂酸………………15g
荷荷芭油…………2小匙

RO純水………192g
氫氧化鈉………79g

◆照片中的香皂使用了藍色系的顏料。

咦！可以讓皮膚收斂的香皂？

當季節變換或是持續進行不規律的時候，皮膚是否失去了朝氣與活力了呢？面頰的鬆弛或許是年齡的緣故，不過別放棄，每天的洗臉也能讓你變得年輕！加入了具有緊膚效果的迷迭香以及收斂效果的乳香的香皂，持續使用，一定可以讓皮膚更有張力。

迷迭香抗老化香皂

rosemary soap

●材料●

橄欖油 (迷迭香浸漬油)
……………………………200g
椰子油…………………150g
棕櫚油…………………150g
小麥胚芽油……………50g
硬脂酸…………………15g
★精油
乳香………………1大匙

RO純水…………192g
氫氧化鈉…………77g

●做法●

使用的橄欖油，是用迷迭香浸漬過的 (方法參照 p60、61。)，參照 p72、73做法的順序製作皂液， 最後加入精油 (參照 p81「附加材料的加入方式」)。

天竺葵香皂 (p.83) 作法

1

將RO純水與氫氧化鈉分別計量之後加以混合，做成液鹼。

2

鍋子裡放入份量的硬脂酸與椰子油，用打蛋器一邊攪拌，一邊用小火加熱，等硬脂酸溶解之後離火。其餘的油計量後加入充分攪拌。

3

測量液鹼的溫度，等待他自然降溫至40～50℃。在這期間可以準備附加材料的精油。

4

確認油與液鹼溫度同樣為40～50℃左右。在鍋子裡一點點加入液鹼攪拌。

※如果油溫度不夠，用小火重新加熱至40℃。

5

到鍋子中的溶液越來越粘稠之前，要持續20分鐘不停的攪拌。皂液變得濃稠之後，就可以間歇性的攪拌。

6

皂液變成美乃滋狀後，加入精油充分攪拌。

※參照 p81「附加材料的加入方式」。

7

將皂液倒入當作香皂模型的容器之中，加蓋或是包上保鮮膜。用不要的毛巾或是新的報紙包住，再用保溫墊包裹。直接放在室溫較高的地方保溫24小時。

8

將容器取出，把蓋子或保鮮膜打開，直接在通風處放置數日。接著將香皂取出，用刀子切成適當大小，放在通風好的地方充分乾燥。　※小心不要受日光直射，最好的使用狀態是約經過1個半月～2個月的時間之後。

●材料●

橄欖油……………………150g
椰子油……………………150g
棕櫚油……………………150g
葡萄籽油…………………100g
硬脂酸……………………15g
★精油
天竺葵……………1大匙

RO純水…………192g
氫氧化鈉…………77g

◆照片中的香皂是，是加入染料專用的香草紫朱草根染過色的油，所以形成美麗的粉紅色。

可做成紅色或粉紅色的染料的香草—紫朱草根

杏仁粉與蜂蜜香皂 (p.83) 作法

1

將RO純水與氫氧化鈉分別計量之後加以混合，做成液鹼。

2

鍋子裡放入份量的硬脂酸與椰子油，用打蛋器一邊攪拌，一邊用小火加熱，等硬脂酸溶解之後離火。其餘的油計量後加入充分攪拌。

3

測量液鹼的溫度，等待他自然降溫至40～50℃。在這期間可以準備附加材料的杏仁粉。

4

參照72～73之step3製作皂液，皂液變成美乃滋狀後，舀一湯匙的份放在容器中，加入杏仁粉與熱過的蜂蜜充分攪拌，再放回鍋中充分攪拌。

※參照 p76、77「附加材料的加入方式」。

5

小心不要溢出的將皂液倒入當作香皂模型的容器之中，加蓋或是包上保鮮膜。用不要的毛巾或是新的報紙包住，再用保溫墊包裹。直接放在室溫較高的地方保溫24小時。　※其他保溫方式請參照p74。

6

將容器取出，把蓋子或保鮮膜打開，直接在通風處放置數日。接著將香皂取出，用刀子切成適當大小。　※從模型中取出的方式請參照 p73。

7

接著以適當的距離排好，放在通風好的地方充分乾燥。　※小心不要受日光直射，最好的使用狀態是約經過1個半月～2個月的時間之後。

●材料●

橄欖油……………………150g
椰子油……………………200g
棕櫚油……………………200g
硬脂酸……………………15g
杏仁粉……………………1大匙
蜂蜜………………………2小匙

RO純水…………192g
氫氧化鈉…………81g

※杏仁粉在一般的點心材料行有出售，也可以將杏仁粒用粉碎器或研缽磨碎使用。

洗髮｜SHAMPOO BAR

有彈性而柔軟的頭髮

絲蛋白洗髮皂

silk fiber shampoo

過於細軟而缺乏彈性的頭髮，
第二天早上就可以變得柔順好梳理

給予頭髮彈性的絲蛋白，可以隨意的添加，做成適合自己頭髮，理想的洗髮皂。

洗臉｜WASHING FACE

日曬肌膚的修復

日曬防護皂

sunburn care soap

因為強烈日照而變紅、
變粗糙的肌膚，
可以恢復光滑細膩

使用的橄欖油，是浸漬了可以協助曬傷肌膚回復的康富利。還加上了可以溫柔呵護肌膚的蘆薈膠。

配方 RECIPE

開始製作香皂之前，一定要先閱讀本書70～73頁的部分，確認道具與材料都準備好了，才依做法順序進行。順序的照片，最好就放在旁邊做參考。

絲蛋白洗髮皂 (p.83) 作法

1
將RO純水與氫氧化鈉分別計量之後加以混合，做成液鹼將切細的絲蛋白加入。 ※參照下方「附加材料的加入方式」。

2
鍋子裡放入份量的硬脂酸與椰子油，用打蛋器一邊攪拌，一邊用小火加熱，等硬脂酸溶解之後離火。

3
荷荷芭油除外，其餘的油計量後加入充分攪拌。

4
測量液鹼的溫度，等待他自然降溫至40～50℃。在這期間可以準備附加材料的黑蜜與荷荷芭油。

5
確認油與液鹼溫度同樣為40～50℃左右。在鍋子裡一點加入液鹼攪拌。 ※若油溫度不夠，用小火重新加熱至40℃。

6
到鍋子中的溶液越來越粘稠之前，要持續20分鐘不停的攪拌。皂液變得濃稠之後，就可以間歇性的攪拌。 ※這個時候皂液會因為越來越濃稠而變得沉重，稱之為「描跡出現」。如果描跡一直不出現，所以要將鍋子用小火稍微加熱再攪拌。

7
皂液變成美乃滋狀後，加入溫熱過的黑蜜與荷荷芭油充分攪拌。
※參照 p76「附加材料的加入方式」。

8
小心避免漏出的將皂液倒入當作香皂模型的容器之中，加蓋或是包上保鮮膜。用不要的毛巾或是新的報紙包住，再用保溫墊包裹。直接放在室溫較高的地方保溫24小時。 ※其他保溫方式請參照 p74。

9
將容器取出，把蓋子或保鮮膜打開，直接在通風處放置數日。

10
接著將香皂從模型中取出，用刀子切成適當大小。
※從模型中取出的方法請參考 p73。

11
以適當的距離排放香皂，放在通風好的地方充分乾燥。 ※小心不要受日光直射，最好的使用狀態是約經過1個半月～2個月的時間之後。

●材料●

葵花油……………………200g
椰子油……………………200g
棕櫚油……………………150g
硬脂酸……………………15g
絲蛋白……………………0.5g
黑蜜………………………2小匙
荷荷芭油…………………2小匙

RO純水………192g
氫氧化鈉………81g

◆照片中的香皂，在棕櫚油中加入了40%的紅棕櫚油。

●附加材料的加入方式●
★加入絲蛋白的時候

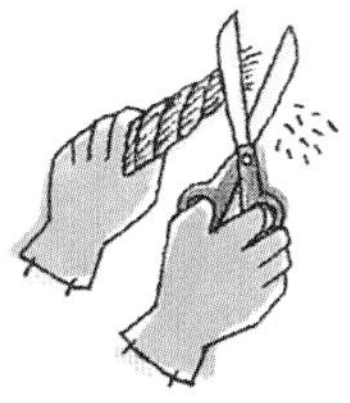
用剪刀將絲蛋白剪細

加入液鹼充分攪拌融合

日曬防護皂的作法

1 將RO純水與氫氧化鈉分別計量之後加以混合，做成液鹼。
2 參照 p72～73之step3製作皂液。
3 皂液變成美乃滋狀後，加入蘆薈膠充分攪拌，倒入模型之中，加蓋或是包上保鮮膜。用不要的毛巾或是新的報紙包住，再用保溫墊包裹。直接放在室溫較高的地方保溫24小時。
4 將容器取出，把蓋子或保鮮膜打開，直接在通風處放置數日。接著將香皂取出，用刀子切成適當大小，放在通風好的地方充分乾燥。

●材料●

橄欖油 (康富力浸漬油)
……………………………200g
椰子油……………………150g
棕櫚油……………………150g
蓖麻油……………………50g
硬脂酸……………………15g
蘆薈膠……………………92g

RO純水………192g
氫氧化鈉………77g

※這裡使用的橄欖油是用康富力之乾香草浸漬過的，詳細做法請參照p60～之記載。

◆其他材料 p.46～52。

洗髮 | SHAMPOO BAR

皮膚粗糙、日曬過後

金盞花油香皂

calendula oil soap

浸透肌膚的油，
溫柔的修復皮膚的問題與鬆弛

日曬後受損的肌膚，容易引起問題的肌膚，金盞花油的力量可以修復受傷的部分。做法→p90

洗臉 | WASHING FACE

改善暗沉

燕麥香皂

oat meal soap

高清潔效果的燕麥配方，
讓膚色更明亮

一面洗臉一面進行深層清潔！手製材料中最具代表性的燕麥發揮了效果。檸檬的香味，還具有芳香療法的效用。
做法→p90

洗臉｜WASHING FACE

清爽

黃瓜香皂

cucumber soap

浸透肌膚的油，
溫柔的修復皮膚的問題與鬆弛

日曬後受損的肌膚，容易引起問題的肌膚，金盞花油的力量可以修復受傷的部分。
做法→p91

沐浴用｜BATH SOAP

奢華的氣氛

重要日子的香皂

special lucky soap

奢侈的玫瑰香氣使心情舒暢！
在特別的日子裡享受愉快的沐浴時間

喜歡玫瑰香氣的人，可以豪不吝惜的使用玫瑰淨油。加入了羊奶粉的配方，讓人不能忽略的奢侈使用感。做法→p91

開始製作香皂之前，一定要先閱讀本書70～73頁的部分，確認道具與材料都準備好了，才依做法順序進行。順序的照片，最好就放在旁邊做參考。

金盞花油香皂 (p.88) 作法

1
將RO純水與氫氧化鈉分別計量之後加以混合，做成液鹼。

2
鍋子裡放入份量的硬脂酸與椰子油，用打蛋器一邊攪拌，一邊用小火加熱，等硬脂酸溶解之後離火。除了琉璃苣之外，其餘的油計量後加入充分攪拌。

3
測量液鹼的溫度，等待他自然降溫至40～50℃。在這期間可以準備附加材料的琉璃苣和金盞花(用剪刀剪碎)。

4
確認油與液鹼溫度同樣為40～50℃左右。在鍋子裡一點點加入液鹼攪拌。※若油溫度不夠，用小火重新加熱至40℃。

5
到鍋子中的溶液越來越粘稠之前，要持續20分鐘不停的攪拌。皂液變得濃稠之後，就可以間歇性的攪拌。※這個時候皂液會因為越來越濃稠而變得沉重，稱之為「描跡出現」。如果皂液的溫度太低，描跡就不容易出現，所以要將鍋子重新加熱至40℃左右再攪拌。

6
皂液變成美乃滋狀後，舀一湯匙的量放在容器之中，加入溫熱過的琉璃菊油跟金盞花充分攪拌後放回鍋中。※參照p76、77「附加材料的加入方式」。

7
小心不要溢出地將皂液倒入當作香皂模型的容器之中，加蓋或是包上保鮮膜。用不要的毛巾或是新的報紙包住，再用保溫墊包裹。直接放在室溫較高的地方保溫24小時。※其他保溫方式請參照 p74。

8
將容器取出，把蓋子或保鮮膜打開，直接在通風處放置數日。

9
接著將香皂從容器取出，用刀子切成適當大小，放在通風好的地方充分乾燥。※從模型中取出的方式請參照 p73。

10
以適當的距離排放香皂，放在通風好的地方充分乾燥。※小心不要受日光直射，最好的使用狀態是約經過1個半月～2個月的時間之後。

●材料●

橄欖油 (金盞花浸漬由)……200g
椰子油……175g
棕櫚油……175g
硬脂酸……15g
琉璃苣……2小匙
★乾香草
金盞花……1大匙

RO純水……192g
氫氧化鈉……77g

※金盞花是萬壽菊的一種。滿滿一大匙用剪刀剪碎。
※這裡所使用的橄欖油是使用金盞花乾香草浸漬過的 (金盞花浸漬油)，參照p60的記載。也可以利用市售之金盞花油。

燕麥香皂 (p.88) 作法

1
將RO純水與氫氧化鈉分別計量之後加以混合，做成液鹼。

2
鍋子裡放入份量的硬脂酸與椰子油，用打蛋器一邊攪拌，一邊用小火加熱，等硬脂酸溶解之後離火。除了琉璃苣之外，其餘的油計量後加入充分攪拌。

3
測量液鹼的溫度，等待他自然降溫至40～50℃。在這期間可以準備附加材料的燕麥和精油(用剪刀剪碎)。

4
參照 p72～73 之 step3 製作皂液。

5
皂液變成美乃滋狀後，舀一湯匙的量放在容器之中，加入燕麥跟精油充分攪拌後放回鍋中。
※參照 p77「附加材料的加入方式」。

6
小心不要溢出地將皂液倒入當作香皂模型的容器之中，加蓋或是包上保鮮膜。用不要的毛巾或是新的報紙包住，再用保溫墊包裹。直接放在室溫較高的地方保溫24小時。

7
將容器取出，把蓋子或保鮮膜打開，直接在通風處放置數日。接著將香皂從容器取出，用刀子切成適當大小，放在通風好的地方充分乾燥。

●材料●

橄欖油 (金盞花浸漬油)……200g
椰子油……200g
棕櫚油……150g
硬脂酸……15g
琉璃苣……2小匙
燕麥 (粉狀)……1大匙
★精油
檸檬……1大匙

RO純水……192g
氫氧化鈉……80g

※燕麥用粉碎器或是研缽磨細成粉狀。
→參照 p104。

◆乾香草 p.22～與 p.60～，精油參照 p.64～，其他材料 p.46～52。

黃瓜香皂 (p.89) 作法

1
黃瓜的皮削掉用果汁機打碎後用濾紙過濾出需要的份量。與氫氧化鈉混合之後，做成液鹼。

2
鍋子裡放入份量的硬脂酸與椰子油，用打蛋器一邊攪拌，一邊用小火加熱，等硬脂酸溶解之後離火。除了荷荷芭油外，其餘的油計量後加入充分攪拌。

3
測量液鹼的溫度，等待他自然降溫至40～50℃。在這期間可以準備附加材料的荷荷芭油。

4
參照 p72～73 之 step3 製作皂液。

5
皂液變成美乃滋狀後，加入溫熱過的荷荷芭油充分攪拌。※參照 p76「附加材料的加入方式」。

6
小心不要溢出地將皂液倒入當作香皂模型的容器之中，加蓋或是包上保鮮膜。用不要的毛巾或是新的報紙包住，再用保溫墊包裹。直接放在室溫較高的地方保溫24小時。

7
將容器取出，把蓋子或保鮮膜打開，直接在通風處放置數日。接著將香皂從容器取出，用刀子切成適當大小，放在通風好的地方充分乾燥。

●材料●

椰子油……………………250g
棕櫚油……………………200g
甜杏仁油…………………100g
硬脂酸……………………15g
荷荷芭油…………………2小匙
小黃瓜擠汁………………192g

氫氧化鈉………83g

※黃瓜擠汁黃瓜用果汁機絞碎過濾製成。代替RO純水使用。

重要日子的香皂 (p.89) 作法

1
將RO純水與氫氧化鈉分別計量之後加以混合，做成液鹼。

2
鍋子裡放入份量的硬脂酸與椰子油，用打蛋器一邊攪拌，一邊用小火加熱，等硬脂酸溶解之後離火。其餘的油計量後加入充分攪拌。

3
等待他自然降溫至40～50℃。在這期間可以加熱溶解附加材料的芒果脂(參照右邊「附加材料的加入方式」。)、羊奶粉、精油。

4
確認油與液鹼溫度同樣為40～50℃左右。在鍋子裡一點點加入液鹼攪拌。※如果油溫度不夠，用小火重新加熱至40℃。

5
到鍋子中的溶液越來越粘稠之前，要持續20分鐘不停的攪拌。皂液變得濃稠之後，就可以間歇性的攪拌。※這個時候皂液會因為越來越濃稠而變得沉重，稱之為「描跡出現」。如果皂液的溫度太低，描跡就不容易出現，所以要將鍋子重新加熱至40℃左右再攪拌。

6
皂液變成美乃滋狀後，舀一湯匙的量放在容器之中，加入芒果脂、羊奶粉、精油充分攪拌後放回鍋中。※參照 p77「附加材料的加入方式」。

7
小心不要溢出地將皂液倒入當作香皂模型的容器之中，加蓋或是包上保鮮膜。用不要的毛巾或是新的報紙包住，再用保溫墊包裹。直接放在室溫較高的地方保溫24小時。※其他保溫方式請參照 p74。

8
將容器取出，把蓋子或保鮮膜打開，直接在通風處放置數日。

9
接著將香皂從容器取出，用刀子切成適當大小，放在通風好的地方充分乾燥。※從模型中取出的方式請參照 p73。

10
以適當的距離排放香皂，放在通風好的地方充分乾燥。※小心不要受日光直射，最好的使用狀態是約經過1個半月～2個月的時間之後。

●材料●

酪梨油……………………150g
澳洲胡桃油………………150g
椰子油……………………150g
棕櫚油……………………100g
硬脂酸……………………15g
芒果脂……………………2小匙
羊奶粉……………………2小匙
★精油
玫瑰精油………1小匙

RO純水………192g
氫氧化鈉………77g

※芒果脂需溶解後加入。

●自選材料的加入方式●

★加入油類的時候

加入油類的時候，放進耐熱容器中隔水或用微波爐加熱，為了避免加熱過度，請每10秒觀察一次。

洗臉 | WASHING FACE

滋潤

乳油木果脂楓糖皂

shea butter & maple syrup soap

可充分溼潤又能持續，因此在任何乾燥的環境都沒有問題。

不論如何乾燥的環境也可以保持滋潤。加入了25%，具有高保濕效果的乳油木果脂，再加上滋潤效果高的楓糖，即使是敏感肌膚也可以放心的洗面皂。做法→p94

洗手皂 | HAND SOAP

殺菌

洗手皂

super hand cleaner

容易食物中毒的季節裡，從外面回家的時候用殺菌效果高的肥皂洗手

在料理中經常被使用的百里香，是可以發揮超群的殺菌效果的香草。利用橄欖油抽提出他的精華。做法→p94

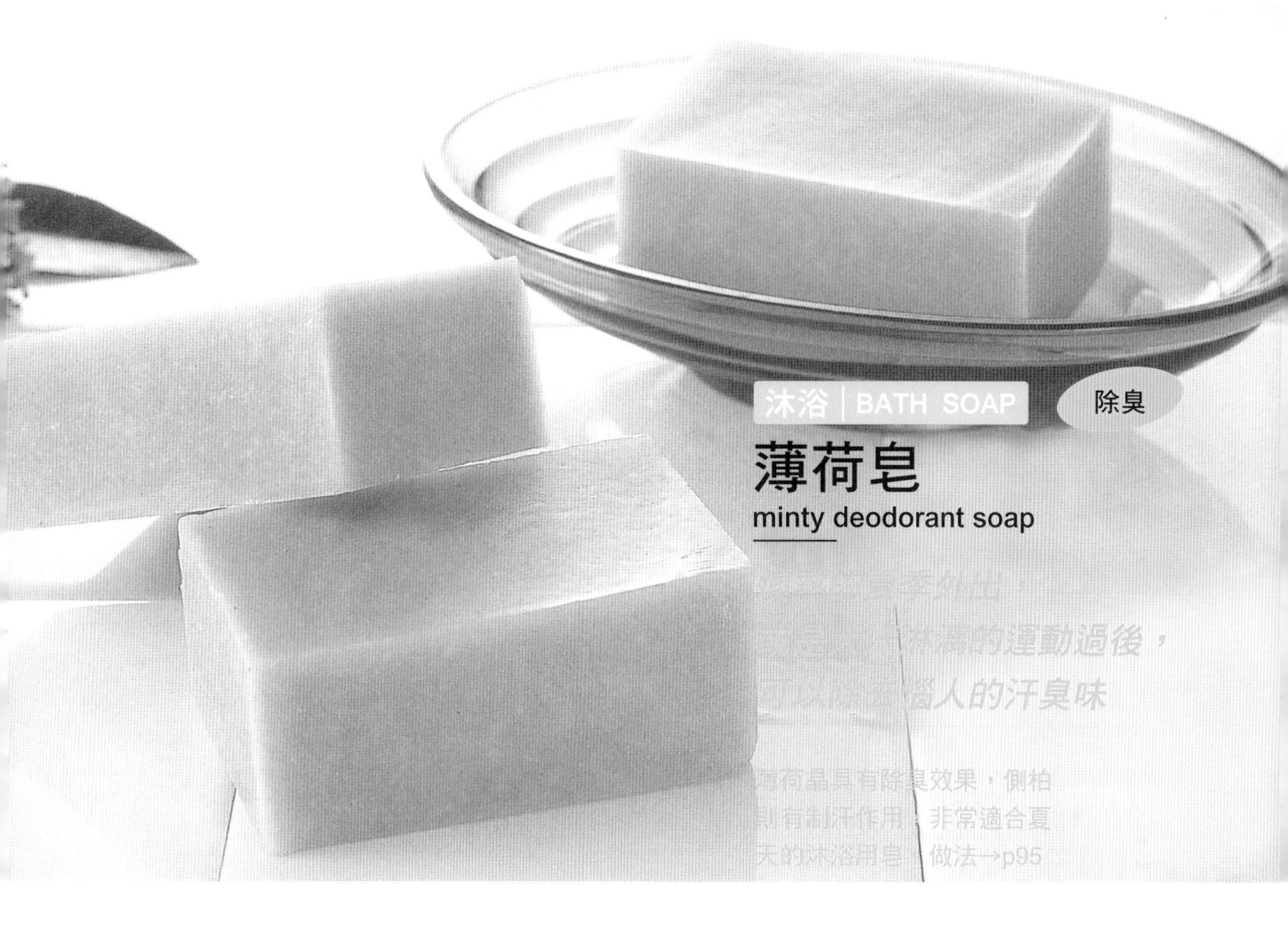

沐浴｜BATH SOAP　除臭

薄荷皂

minty deodorant soap

[illegible]季外出，
[illegible]汗淋漓的運動過後，
可以除[illegible]惱人的汗臭味

薄荷晶具有除臭效果，側柏則有制汗作用，非常適合夏天的沐浴用皂。做法→p95

沐浴｜BATH SOAP　放鬆

薰衣草皂

lavender soap

因為困擾而感到精神倦怠，
或者睡眠不足的時候，
薰衣草的香氣可以讓人放鬆

不想敗給壓力的時候，可以利用較長的沐浴時間，吸足了薰衣草的香氣，從心裡獲得放鬆。做法→p95

開始製作香皂之前，一定要先閱讀本書70～73頁的部分，確認道具與材料都準備好了，才依做法順序進行。順序的照片，最好就放在旁邊做參考。

乳油木果脂香皂 (p.92) 作法

1
將RO純水與氫氧化鈉分別計量之後加以混合，做成液鹼。

2
鍋子裡放入份量的硬脂酸與椰子油，用打蛋器一邊攪拌，一邊用小火加熱，等硬脂酸溶解之後離火。其餘的油脂與油計量後加入充分攪拌。 ※請先確認油脂已經完全溶解。

3
測量液鹼的溫度，等待他自然降溫至40～50℃。在這期間可以準備附加材料的楓糖漿。

4
確認油與液鹼溫度同樣為40～50℃左右。

5
在鍋子裡一點點加入液鹼攪拌。
※如果油溫度不夠，用小火重新加熱至40℃。

6
到鍋子中的溶液越來越粘稠之前，要持續20分鐘不停的攪拌。皂液變得濃稠之後，就可以間歇性的攪拌。
※這個時候皂液會因為越來越濃稠而變得沉重，稱之為「描跡出現」。如果描跡一直不出現，要將鍋子重新加熱後再攪拌。

7
皂液變成美乃滋狀後，加入溫熱過的楓糖漿充分攪拌。 ※參照p76「附加材料的加入方式」。

8
將皂液倒入當作香皂模型的容器之中，加蓋或是包上保鮮膜。用不要的毛巾或是新的報紙包住，再用保溫墊包裹。直接放在室溫較高的地方保溫24小時。 ※其他保溫方式請參照p73。

9
將容器取出，把蓋子或保鮮膜打開，直接在通風處放置數日。

10
接著將香皂從容器中取出，用刀子切成適當大小。
※從容器中取出的方法參照p73。

11
以適當的距離排放香皂，放在通風好的地方充分乾燥。 ※小心不要受日光直射，最好的使用狀態是約經過1個半月～2個月的時間之後。

●材料●

椰子油……150g
棕櫚油……150g
乳油木果脂油……150g
橄欖油……100g
硬脂酸……10g
楓糖漿……2小匙

RO純水……192g
氫氧化鈉……76g

洗手皂 (p.92) 作法

1
將RO純水與氫氧化鈉分別計量之後加以混合，做成液鹼。

2
鍋子裡放入份量的硬脂酸與椰子油，用打蛋器一邊攪拌，一邊用小火加熱，等硬脂酸溶解之後離火。其餘的油計量後加入充分攪拌。

3
測量液鹼的溫度，等待他自然降溫至40～50℃。在這期間可以準備附加材料的精油。

4
參照72～73之step3製作皂液。

5
皂液變成美乃滋狀後，加入精油充分攪拌。
※參照p81「附加材料的加入方式」。

6
小心不要溢出地將皂液倒入當作香皂模型的容器之中，加蓋或是包上保鮮膜。用不要的毛巾或是新的報紙包住，再用保溫墊包裹。直接放在室溫較高的地方保溫24小時。

7
將容器取出，把蓋子或保鮮膜打開，直接在通風處放置數日。接著將香皂取出，用刀子切成適當大小，放在通風好的地方充分乾燥。 ※小心不要受日光直射，最好的使用狀態是約經過1個半月～2個月的時間之後。

●材料●

橄欖油、椰子油…各200g
棕櫚油……150g
硬脂酸……15g
★精油／茶樹……1大匙

RO純水……192g
氫氧化鈉……81g

※這裡所使用的橄欖油是使用百里香香草浸漬過的(百里香浸漬油)，參照p60的記載。

◆精油參照 p.64～，其他材料 p.46～52。

薄荷香皂 (p.93) 作法

1
將RO純水與氫氧化鈉分別計量之後加以混合，做成液鹼。

2
鍋子裡放入份量的硬脂酸、薄荷晶與椰子油，用打蛋器一邊攪拌，一邊用小火加熱，等硬脂酸、薄荷晶溶解之後離火。其餘的油計量後加入充分攪拌。 ※參照右方「自選材料的加入方式」。

3
測量液鹼的溫度，等待他自然降溫至40～50℃。在這期間計量附加材料的精油加入混和。

4
參照 p72～73 之 step3 製作皂液。

5
皂液變成美乃滋狀後，加入精油充分攪拌。 ※參照 p81「附加材料的加入方式」。

6
將皂液倒入當作香皂模型的容器中，加蓋或是包上保鮮膜。用不要的毛巾或是新的報紙包住，再用保溫墊包裹。直接放在室溫較高的地方保溫24小時。

7
將容器取出，把蓋子或保鮮膜打開，直接在通風處放置數日。接著將香皂取出，用刀子切成適當大小，放在通風好的地方充分乾燥。 ※小心不要受日光直射，最好的使用狀態是約經過1個半月～2個月的時間之後。

●材料●

椰子油……………………200g
棕櫚油……………………150g
橄欖油……………………100g
甜杏仁油…………………100g
硬脂酸……………………15g
薄荷腦……………………3g
★精油
絲柏……………2小匙
杜松……………1小匙

RO純水………192g
氫氧化鈉………81g

●自選材料的加入方式●

★薄荷腦的時候

一開始放入硬脂酸與椰子油的時候，薄荷腦就一起放入，並加熱溶解。

薰衣草香皂 (p.93) 作法

1
將RO純水與氫氧化鈉分別計量之後加以混合，做成液鹼。

2
鍋子裡放入份量的硬脂酸與椰子油，用打蛋器一邊攪拌，一邊用小火加熱，等硬脂酸溶解之後離火。其餘的油計量後加入充分攪拌。

3
測量液鹼的溫度，等待他自然降溫至40～50℃。在這期間可以計量附加材料的精油加入混和。

4
參照 p72～73 之 step3 製作皂液。

5
皂液變成美乃滋狀後，加入精油充分攪拌。 ※參照 p81「附加材料的加入方式」。

6
小心不要溢出的將皂液倒入當作香皂模型的容器之中，加蓋或是包上保鮮膜。用不要的毛巾或是新的報紙包住，再用保溫墊包裹。直接放在室溫較高的地方保溫24小時。

7
將容器取出，把蓋子或保鮮膜打開，直接在通風處放置數日。接著將香皂取出，用刀子切成適當大小，放在通風好的地方充分乾燥。※小心不要受日光直射，最好的使用狀態是約經過1個半月～2個月的時間之後。

◆照片中的香皂使用了紫色系的顏料。

●材料●

橄欖油 (薰衣草浸漬油)
……………………200g
椰子油……………………200g
棕櫚油……………………150g
硬脂酸……………………15g
★精油
薰衣草…………1小匙
佛手柑…………1小匙

RO純水………192g
氫氧化鈉………79g

※ 這裡所使用的橄欖油是使用薰衣草乾香草浸漬過的(薰衣草浸漬油)，參照 p60的記載。

洗臉 | WASHING FACE

殺菌

小麥胚芽皂

wheat germ soap

雖然吃也有效果，
小麥胚芽配方的香皂，
讓洗完的肌膚更為細嫩！

雖然簡單，可是卻可以恢復肌膚的彈性。小麥胚芽的實力真是讓人感動，也可以讓肌膚保持水嫩彈性的保濕香皂。

洗手 | HAND SOAP

去污

去污洗手皂

muddy-hand soap

在庭院裡工作或是清潔瓦斯爐之後，
畫圖之後，
不論多髒的髒污、油污都可以洗乾淨

溫柔的洗淨拼命工作之後的滿手髒污。咖啡與玉米片的雙重刷洗更有效果。

配方 RECIPE

開始製作香皂之前，一定要先閱讀本書70～73頁的部分，確認道具與材料都準備好了，才依做法順序進行。順序的照片，最好就放在旁邊做參考。

小麥胚芽皂 (p.96) 作法

1
將RO純水與氫氧化鈉分別計量之後加以混合，做成液鹼。

2
鍋子裡放入份量的硬脂酸與椰子油，用打蛋器一邊攪拌，一邊用火加熱，等硬脂酸溶解之後離火。其餘的油計量後加入。

3
測量液鹼的溫度，等待他自然降溫至40～50℃。在這期間可以準備附加的材料小麥胚芽。

4
油與液鹼溫度同樣為40～50℃左右之後。在鍋子裡一點點加入液鹼攪拌。 ※如果油溫度不夠，用小火重新加熱至40℃。

5
將液鹼全部加入之後，到鍋子中的溶液越來越粘稠之前，要持續20分鐘不停的攪拌。皂液變得濃稠之後，就可以間歇性的攪拌。

6
皂液變成美乃滋狀後，舀一湯匙份到容器中加入小麥胚芽充分攪拌後放回鍋中。 ※參照 p77「自選材料的加入方式」。

7
將皂液倒入當作香皂模型的容器之中，小心避免漏出。用不要的毛巾或是新的報紙包住，再用保溫墊包裹。直接放在室溫較高的地方保溫24小時。

8
將容器取出，把蓋子或保鮮膜打開，直接在通風處放置數日。接著將香皂取出，用刀子切成適當大小，放在通風好的地方充分乾燥。

●材料●

橄欖油……………………200g
椰子油……………………150g
棕櫚油……………………120g
小麥胚芽油………………80g
硬脂酸……………………15g
小麥胚芽…………………2小匙

RO純水…………192g
氫氧化鈉…………76g

※小心不要受日光直射，最好的使用狀態是約經過1個半月～2個月的時間之後。

去污洗手皂 (p.96) 作法

1
將RO純水與氫氧化鈉分別計量之後加以混合，做成液鹼。

2
鍋子裡放入份量的硬脂酸與椰子油，用打蛋器一邊攪拌，一邊用小火加熱，等硬脂酸溶解之後離火。其餘的油計量後加入充分攪拌。

3
測量液鹼的溫度，等待他自然降溫至40～50℃。在這期間可以準備附加材料的咖啡與玉米粗粒。

4
參照72～73之step3製作皂液。

5
皂液變成美乃滋狀後，舀一湯匙份到容器中加入玉米粗粒充分攪拌後放回鍋中。 ※參照 p77「自選材料的加入方式」。

6
將皂液倒入當作香皂模型的容器之中，小心不要溢出，加蓋或是包上保鮮膜。用不要的毛巾或是報紙包住，再用保溫墊包裹。直接放在室溫較高的地方保溫24小時。

7
將容器取出，把蓋子或保鮮膜打開，直接在通風處放置數日。接著將香皂取出，用刀子切成適當大小，放在通風好的地方充分乾燥。 ※小心不要受日光直射，最好的使用狀態是約經過1個半月～2個月的時間之後。

●材料●

橄欖油……………………150g
椰子油……………………200g
棕櫚油……………………200g
硬脂酸……………………15g
咖啡豆粉…………………1大匙
玉米粗粒…………………1大匙

RO純水…………192g
氫氧化鈉…………77g

※咖啡用咖啡豆磨成粉。

◆其他材料 p46～52。

簡單！ 有趣！
不使用苛性鈉

做香皂太麻煩了，也想跟孩子一起安全的做，也覺得一般香皂的等待時間太久。對於這樣的人，我們要推薦一種可以非常簡單完成的香皂。因為不使用苛性鈉，所以小孩子也可以簡單進行。還可以發揮獨特的創意。

MP

Melt & Pour Soup

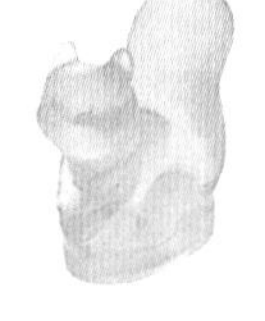

何謂M＆P香皂?

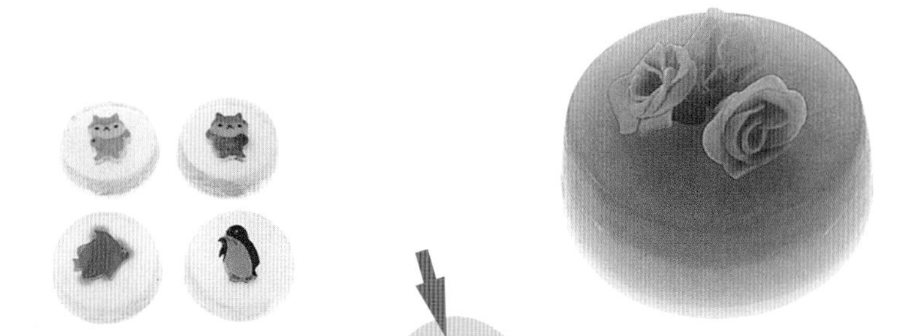

向M＆P香皂挑戰！

Melt & Pour，也就是「熔解注入」香皂。通稱為「MP香皂」或是藝術香皂。
一般的香皂必須使用油與苛性鈉，製作過程複雜，這種香皂最吸引人的地方就是他簡單的製作過程。
M&P 是把甘油肥皂的肥皂素溶解後，倒入模型凝固就完成。可自由添加顏色和香味。僅僅只需等候其冷卻即可使用。

◆ M&P 香皂的道具與材料 ◆

●皂基 (香皂材料)

皂基是用純植物油所製作的香皂，不添加任何的香味與顏色。因為配方中有甘油，所以又稱為甘油皂。可以直接溶解後再凝固，也可以上色、添加香料，變成有透明感的美麗香皂。可以郵購購買，也有包含模型在內的整套工具出售。→參照 p99右下欄外

●色膏

著色用的「色膏」，也非常容易使用，所以很方便。除了紅、藍、黃、綠基本色外，還有紫色與粉紅色。用甘油稀釋過，還可做成淡粉紅或是雲石狀。

●香精油

添加香味所使用的油。除了柑橘類的香味之外，還有具有海洋或森林意象的味道。稍微加濃一點，還可以用來當做芳香劑裝是在屋子裡，也很適合裝飾在衣櫃中。

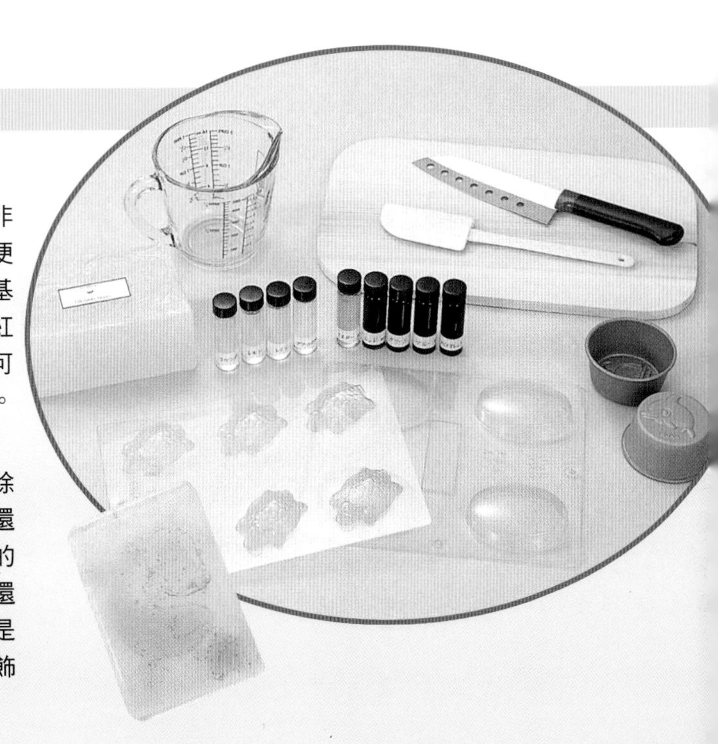

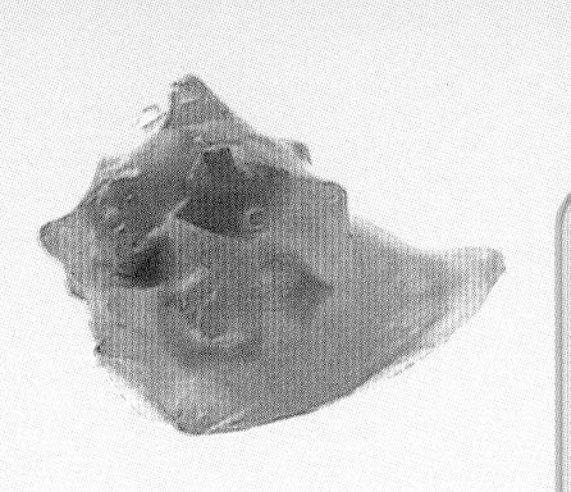

◆開始之前……◆

與一般的香皂不同，不使用任何任何危險的素材，也可以自由的穿著任何服裝，甚至不需要橡皮手套。所有的材料與道具全部放在桌上，以便隨手取用。尤其在倒入模型的時候最容易猶豫，所以一定要先準備好。

熱融皂

藝術香皂的一種，將純植物油所作成的皂基，削成麵條狀或是披薩用起士狀，像黏土一樣可以加入顏料或是香皂，也可以揉入黏土作成形狀，只要乾燥即告完成。溶解倒入模型之時，可以加入精製水與牛奶加以溶解。水分為450g對1杯。放入鍋中用小火加熱，經過1個小時之後就可以溶解。訣竅在於將其中的水分煮乾。但是，香皂的溫度要保持在45℃左右。溶解之後離火，加上顏料與香料，以及需要的附加材料，然後倒入模型。

◆基本做法◆

1…用刀子切開皂基

皂基切成1～2㎝的丁，因為非常的軟，就算不用力也可以切開。也有一開始就切成丁塊出售的。

2…用微波爐加熱溶解

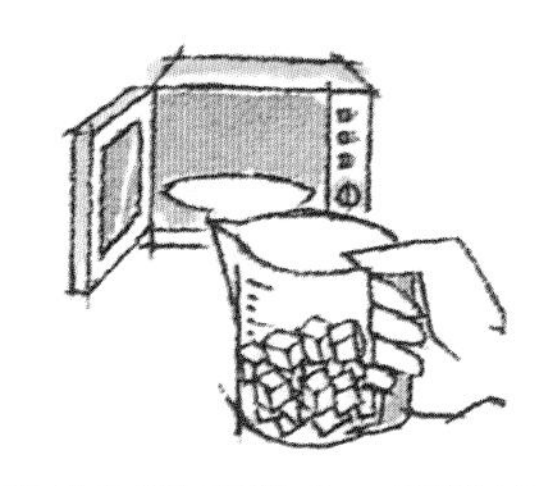

放入耐熱容器中，用微波爐加熱溶解，為了避免過度加熱，每20～30秒要檢查一次。如果不用微波爐，也可以利用鍋子隔水加熱。

3…加上顏色與香味

在完全溶解的皂基裡加入自己喜歡的顏色與香料。另外，如果需要加入黏土或是甘油等附加材料，要在這個步驟混合。

4…倒入模型

倒入事先準備好的模型之中。模型可以用市售現成的，也可以利用自己的創意。倒入托盤中，用餅乾模子壓出各種形狀，也非常有趣。

5…從模型中取出

完全凝固後，從模型之中取出。如果是軟模，只要輕壓就可以取出。若無法順利取出，可以放入冷藏室中冷藏20～30分鐘。

●軟模 (肥皂模型)

郵購購入的專用模，有動物、太陽、星星等有趣的圖案，另外，果凍模、塑膠模、紙杯也可以當作模型使用。可以多利用一些巧思。

●刀子與砧板

刀割皂基時使用的。可兼做與料理用。

●耐熱容器

容解皂基時使用。因溫度頗高所以必須使用耐熱容器。

●橡皮刮刀

溶解的皂液倒入模型時，將容器中的香皂收集起來時使用。或者，加上香料或染料之後，攪拌時也必須用到。

●其他

加上香料之所使用的精油。皂基通常以450～500ｇ為一個單位而出售，因此以1小匙滿為適量。有些本來就已經加了顏色，要特別加以留意。另外想要增加美容效果的時候，可以加上黏土、燕麥片、甘油、營養加值高的油等。根據上述的量，大約一滿大匙左右的量就足夠了。

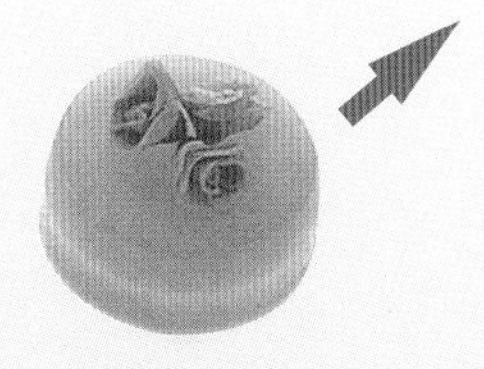
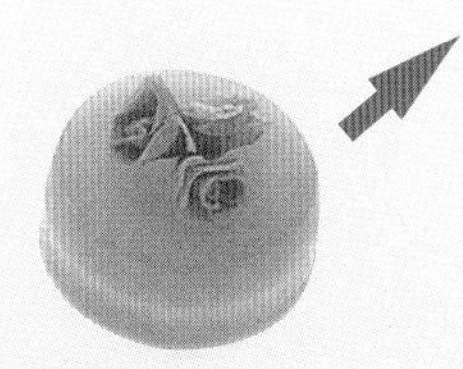

Don't worry be happy！　溫柔的贈禮方式

和他分享愉快的心情

用手製化妝品與香皂當作禮物

為自己做出漂亮的香皂之後，接下來就要為自己重要的人製作，耶誕節的禮物，結婚的賀禮，用自己最得意的香皂，和最適合他的肌膚的乳液當作一組禮物，再加上漂亮的包裝。簡簡單單的包裝紙，再加上乾燥花或蝴蝶結，就成為大人的禮物。

讓對方感到溫暖，又能肌膚細緻的 耶誕禮物

採用紅和綠的耶誕節色彩，把苔當作填充物使用，加上乾燥花或耶誕節裝飾更可顯出氣氛。這是高度較高的化妝水與香皂可以保持平衡的包裝方式。

包裝的方式

1…用紙包好香皂

為了要可以看到香皂的表面，包裝紙要墊在底下，用繩子或緞帶打結。和紙、蠟紙、不織布都可以當作包裝紙。

※蠟紙是一種表面光滑的紙。

百貨公司的包裝用品專賣場或紙專賣店中可以買到，先揉皺之後再攤開。

2…做底台

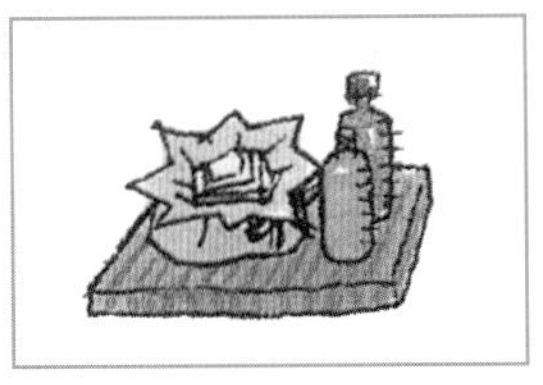

要配合香皂與化妝品容器的大小，切割瓦楞紙。為了配合耶誕節的氣氛，用漂亮的紅色紙與綠色紙做包裝，綁上緞帶。

※放香皂與化妝品的紙台，為了避免彎曲，最好使用較厚的瓦楞紙。

3…從四個方向將包裝紙捲起

準備邊為台紙3倍長的包裝紙，上面放上台紙。從四個方向將包裝紙滾成圓形，用手壓住保持穩定，以免紙鬆開。最後調整形狀。

※滾成圓形的時候，要四個方向一點點的同時進行。只有一邊捲成圓形，紙角容易破掉，要稍微注意。包裝紙最好用厚一點的。最好配合台紙的顏色。

4…加上裝飾包起來

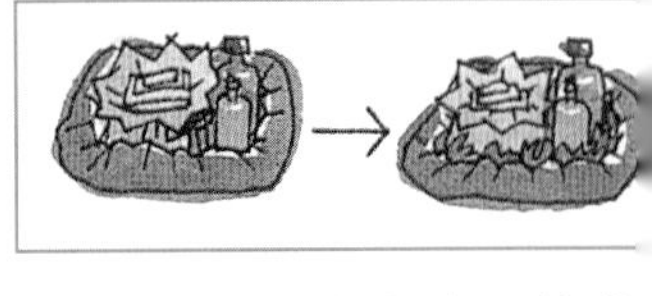

為了避免香皂與容器移動，周圍要塞入苔、乾燥花、填充材料等。打上緞帶，加上耶誕節裝飾。

※其中還可以放入聖誕老人、雪人、柊樹、小蠟燭等耶誕節的裝飾。

◆當作禮物時的注意事項◆
把手製化妝品或香皂當作禮物時，一定要告知對方先做皮膚接觸測試之後再使用，請參照 p119 之 Q9

新人生的第一步，
帶著溫暖的香氣為
婚禮做祝福

包裝

比起傳統的賀禮，餽贈「美麗的魔法」，為她人生的新起點作加油，在包裝用的小圓盒裡，裝上乳液和香皂，裝上豪華的裝飾。盡量選擇豪華的緞帶。

1…放在小圓盒內

準備小圓盒，內中放入填充材料或是海綿，放上香皂與化妝品。
※圓盒可以在包裝用品店購得。要選可以放入香皂與化妝品的尺寸。

2…散落著薔薇花瓣

為了更像婚禮用的禮物，上面散落著白或紅的薔薇花瓣。
※不是新鮮花瓣也可以，玫瑰乾燥花或是香囊也可以。但是不要選用香味太重的，以免蓋過了香皂與化妝品的香氣。

3…緞帶製作—1

先做小環，如圖所示般的用手壓住。接著一層比一層略長的摺疊。量則是由自己的喜好決定。※緞帶要選較寬，較華麗的。

4…緞帶製作—2

最後做一個大圈，如圖所示用小緞帶綁在中心。然後在大環的下方部分整齊的切斷，接著把緞帶張開，調整形狀。
※拿緞帶的手小心不要放開，綁上較細的緞帶的時候，可請別人幫忙。

5…將緞帶貼上蓋子

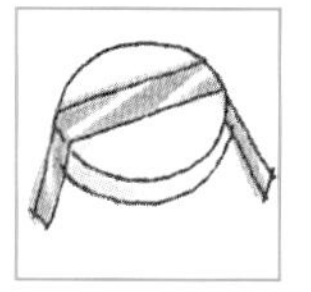

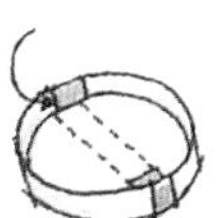

在盒子的蓋子中央，用相同的緞帶放在盒子中央，緞帶結束的部分，在盒子的內側用雙面膠貼住。
※蓋子內側貼著的緞帶，將長度調整好之後剪齊。沒有雙面膠也可以用接著劑。因為背面會看到，所以要處理得漂亮一點。

6…綁上緞帶裝飾

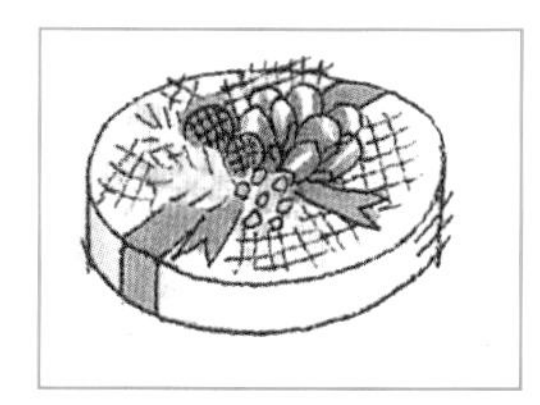

將步驟4中所做的緞帶裝飾在蓋子的緞帶上，做成漂亮的裝飾。接著在盒子上加上蓋子。
※裝飾緞帶的時候，蓋子的緞帶要小心不要鬆開。其他的裝飾，建議用乾燥花做成花束，如照片所示，用網布貼著花束黏上，也是很漂亮的裝飾。

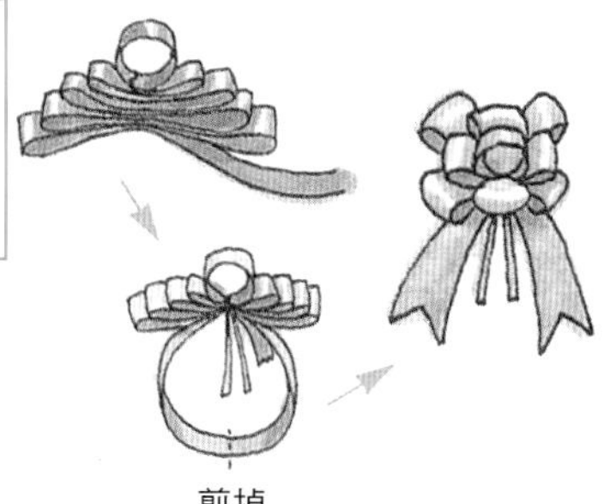

因為做得太好了，
所以想要一個
簡單的裝飾

將手製香皂與化妝品當作伴手禮，也是很受歡迎的。即使只有香皂或乳霜，也可以傳遞自己的心意。

贈送香皂的時候

手製的香皂暴露在外，可以顯得更漂亮，所以，利用布或是紙簡單做成包裝就十分吸引人了。

1◆發揮創意的包裝

用肉桂梗或是小樹枝組合，做成具有創意的盒子。加上揉皺的包裝紙，做成一個大的糖果。然後綁上蝴蝶結。
(→作法 p102)

Don't worry be happy！　溫柔的贈禮方式

①用木工膠將小樹枝黏好，做成底。
②配合香皂的尺寸裝飾樹枝
③用包裝紙包成糖果狀，用膠帶田上緞帶。

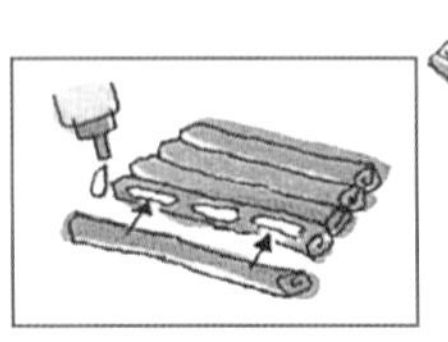
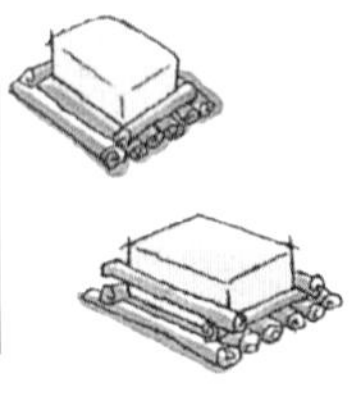
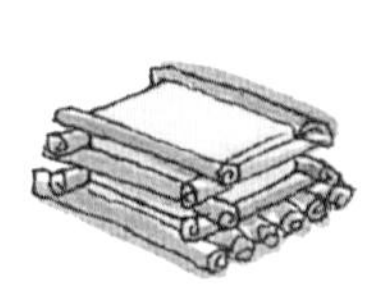
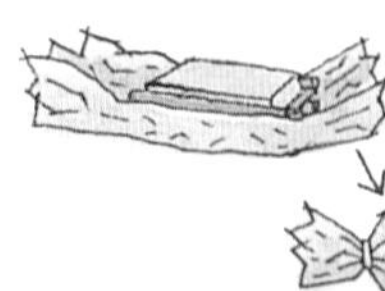

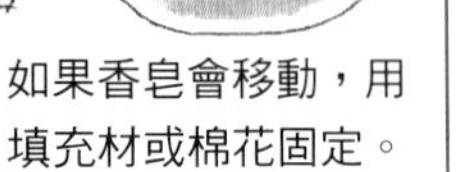
用透明膠帶黏住

◆更簡單

用厚紙做底，放上香皂，將包裝紙向上收攏，綁上緞帶。

如果香皂會移動，用填充材或棉花固定。

利用包裝袋，可以更簡單完成華麗的包裝。▲
※可在包裝專賣店購買。

贈送化妝水、乳液時

最難處理的瓶子包裝，稍微用點心就可以做得如此華麗，可以看見瓶口是包裝重點。

◆利用瓶子原來的形狀

瓶子的部分用包裝紙包住，讓注口與噴頭的一部分露出來。包著包裝紙就可以直接使用，讓簡單的瓶子做一次改變。

瓶子高度的兩倍
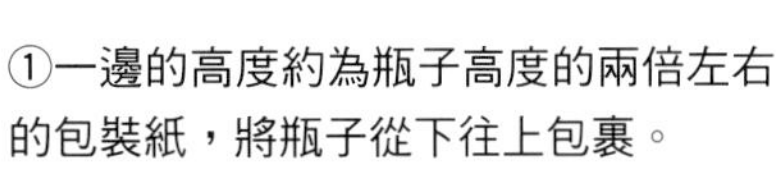

①一邊的高度約為瓶子高度的兩倍左右的包裝紙，將瓶子從下往上包裹。
②瓶頸的部分，用繩子或緞帶綁好。
③將包裝紙張開(多餘的長度剪掉)，裝飾乾燥花或樹實。

利用網布做裝飾。多餘長度塞進繩子裡。

贈送乳霜類時

乳霜可以裝在透明的玻璃瓶中，還可以有看見內容的效果，蓋子上可以貼乾香草，表現自然風格。

◆重點裝飾

乳霜容器的蓋子，黏上乾香草。小容器裝一朵花，大的容器就可以加以組合。為了可以看見內容，用透明玻璃紙做包裝。

①容器的蓋子上貼乾香草。
②用透明的玻璃紙束口包裝，捲上緞帶或是別針。

可以更好嗎？究竟哪裡是極限？
希望可以徹底的手製！

精益求精的特別保護

已經可以做好基礎化妝品與香皂，沒有更進一步的皮膚保養了嗎？想精益求精的各位，這裡有更進一步的美容方法。每一項都是身邊隨手可得的材料，可以迅速完成，但是效果極大。第二天，就可以有光潤、細膩、艷光動人的笑臉。

敷面劑 | FACIAL MASK

滋潤面膜

moisture facial mask

在乾燥的季節裡，不止上不了妝，
連小細紋都非常明顯。這個時候，
就要利用面膜進行強力保濕，
連續兩天的敷臉，
就可以找回細嫩的皮膚。

(作法 p104)

敷面劑 | FACIAL MASK

美白面膜

whitening facial mask

做成含有美白效果的面膜，持續使用，
讓人在意的褐斑、雀斑就會漸漸的不明顯。
仲夏太陽照射的皮膚，
在褐斑、雀斑出現之前加以預防，
還可以儘早回復日曬後皮膚的損傷。

●作法●

在適當的容器中放入全部的材料，均勻混和。太硬不容易攪拌的時候，可以將蜂蜜用微波爐或隔水加熱的方式加溫後加入均勻攪拌。若是太軟不適合塗在臉上，也可以加一些燕麥。

●使用方式●

將敷面劑塗在臉上約15～20分鐘，然後用溫水洗淨。

※燕麥可以用粉碎器或玻磨碎。虎耳草抽提液的製作方式參照 p108～109。

※敷面劑即使不加虎爾草抽提液也可以有很高的美白效果。

●材料● (約1次份)

燕麥片	1大匙
無糖優格	1大匙
虎耳草抽提液	1小匙
蜂蜜	1小匙

滋潤面膜 (p.103) 作法

●作法●

1

在適當的容器中打散蛋黃，加入油充分攪拌。

2

加入檸檬汁、椰奶粉充分攪拌。若是太軟不適合塗在臉上，也可以加一些燕麥調整。

●使用方式●

將敷面劑塗在臉上約15～20分鐘，然後用溫水洗淨。

※燕麥需要磨碎。

●材料● (約1次份)

酪梨油	1小匙
蘆薈油	1小匙
椰奶粉	1小匙
蛋黃	1個粉
檸檬汁或蘋果酒醋	1小匙
燕麥(粉)	適量

手製化妝品不可或缺的 燕麥

食用極為美味的燕麥，在手製化妝品或香皂中也十分的活躍，因為價格低廉，可以磨碎一些放在密閉容器中保存。尤其是敷臉時更為好用。更讓人驚喜的是，燕麥還具有美白效果呢。

敷面劑 | FACIAL MASK

細緻面膜

gentle facial mask

皮膚敏感的人也非常適合。
具有防止老化功效的油
可以慢慢的浸透肌膚，
解除肌膚困擾。

●作法●

在適當的容器中加入所有的材料充分攪拌。若是太軟不適合塗在臉上，加適量玉米澱粉調整。

●使用方式●

將敷面劑塗在臉上約15～20分鐘，然後用溫水洗淨。

※可以將蘋果磨泥代替胡蘿蔔泥。

●材料● (約1次份)

材料	份量
小麥胚芽油或維他命E油	1小匙
金盞花油	1小匙
胡蘿蔔 (磨泥)	1小匙
玉米澱粉	1小匙
砂糖	1小匙

敷面劑 | FACIAL MASK

日曬面膜

suntan care mask

不小心沐浴太久的紫外線的時候，
回到家中一定要做好防護。
避免雀斑、褐斑出現。
這一款的面膜最適合這種情況，
還可以搭配日曬肌膚用的化妝水、乳液。

●作法●

1

乳油木果脂油與蜂蜜用微波爐或隔水的方式加熱。

2

在適當的容器中加入所有的材料充分攪拌。若是太軟不適合塗在臉上，加適量燕麥粉調整。

●使用方式●

將敷面劑塗在臉上約15～20分鐘，然後用溫水洗淨。接著拍上化妝水。

●材料● (約1次份)

材料	份量
蘆薈膠	2小匙
無糖優格	2小匙
蘆薈油	1小匙
乳油木果脂	1小匙
蜂蜜	1/2小匙
★精油	
洋甘菊	3滴

◆材料參照p46～52。

敷面劑｜FACIAL MASK

清潔毛孔面膜

cleansing mask

鼻翼周圍的毛孔髒污如果置之不理，
久之就會變成黑頭粉刺，
連粉底也遮不住。
用蛋白與泥類製作的敷面劑，
每週使用一次，讓人欲罷不能。

●材料● (約1次份)

泥類	1大匙
蛋白	1個份
檸檬汁或蘋果酒醋	1小匙

●作法●

1

在容器中打入蛋白用打蛋器稍微打發。

2

加入泥類與檸檬汁充分攪拌。

●使用方式●

將敷面劑塗在臉上約15～20分鐘，然後用溫水洗淨，最後再用冷水沖臉。接著拍上化妝水。

※泥類不但購得容易，而且使用方便。可以參看p107的記載。

敷面劑｜FACIAL MASK

青春痘預防面膜

anti-pimple facial mask

是否認為容易長青春痘的肌膚
不可以給太多養分呢。
預防青春痘的面膜在徹底殺菌之後
留下滋潤，最後再用冷水讓肌膚收斂。

●材料● (約1次份)

杏仁粉	1大匙
酸奶油	1大匙
泥類	1小匙
檸檬汁或蘋果酒醋	1小匙

●作法●

在適當的容器中加入所有的材料充分攪拌。

●使用方式●

將敷面劑塗在臉上約15～20分鐘，然後用溫水洗淨。最後用冷水沖臉。

※杏仁粉是用杏仁磨成粉，可以在點心材料行購買，也可以將杏仁粒磨碎使用。

◆泥類 p107，其他材料 p46～52。

Marvelous clay magic

泥類治療的美容效果

明顯改善困擾人的肌膚問題

泥類的魔力

泥類在手製材料中擔任重要的角色。雖然有極高的洗淨力與清潔作用，卻不是高價的物品。使用的當天就可以感受到它的效果。

●細泥面膜

將泥類溶在水中就可以完成敷臉，不過，為了延緩乾燥時間，好讓礦物質充分吸收，加入優格或蜂蜜更有功效。還具有緩和肌膚的作用。

●細泥浴

抓一把泥類溶在浴缸裡。浸泡過後，有效成分會融入皮膚中吸收，讓肌膚光滑，同時調整身體，使人充滿活力。

●細泥皂

做香皂的時候加入泥類做成泥類皂。做成洗面皂可以除去毛孔髒污，預防暗沉，實現膚色明亮的肌膚。本書也有介紹他的配方。→p74。

滋潤、光滑的秘密，是泥類給肌膚的禮物

泥類就是從地底採得的泥土。受地球的恩賜，含有大量的礦物質。還有不同顏色的泥類存在，這是因為其中所含的礦物質成分不同所致，因此多半都是自然的色彩。泥類中所含的活性有效成分，可以讓皮膚容易吸收，可以立刻除去髒污和多於油脂，促進血液循環，賜予健康肌膚。

泥類的種類與效果

泥類因為採集場的不同而有不同的名稱，其中所含的礦物質，因顏色之不同而得以區別。對皮膚最溫和的是白色，效果最強的則是藍色。

白石泥(高嶺土)

是最普遍、最常使用的泥類。對肌膚刺激較少，適合乾燥或敏感肌膚的人使用。可以徹底清除毛孔髒污。

紅石泥

使用於爽身粉或胸部肌膚保養。對於面皰型肌膚的人有效。刺激少，敏感肌膚也可使用。

粉紅石泥

是白泥類與紅泥類的混和，廣泛圍的使用於臉部或身體肌膚。刺激較少，乾燥肌膚也可使用。

紅石泥

含多量的水份和油份，給予肌膚張力與活力。對於容易老化或是乾燥型的肌膚，甚至頭皮都有效。

橙石泥

不挑剔膚質，甚至身體與頭髮都可以使用。對於褐斑、雀斑等肌膚老化也很有效果。等級高。

黃石泥

適合油性、面皰型肌膚。青春痘嚴重的時候，可以用少量的水溶解後洗臉。對於日曬肌膚也有效。

綠石泥

效力強的泥類，也是美容上最常使用的。適合油性、面皰型肌膚。

藍石泥

具美白效果。多半加入於作用強的香皂。也可以加入少量的白色或粉紅色泥類混和使用。

想要美白絕對不可以忽略，東方的香草，中醫草藥的功效！

終極的美白化妝水

東方的香草，中醫草藥，秘方……帶給人一種神秘「效果」的印象。究竟哪一種中藥含有美白效果呢？這裡要特別介紹，具有高美容效果，且容易處理的「中藥美白化妝水」。效果呢？記得要在說明書上加一句「不想美白的人禁止使用」。很快的就可以讓你找回東方人該有的白嫩肌膚。

STEP 1 抽提出中藥的精華

●材料● (約1次份)

中藥	10g
藥用酒精	50cc
RO純水	50cc

●抽提方法●

1…將中藥放入玻璃瓶中

先將玻璃製的容器完全消毒 (→p20)，裝入份量的中藥。

※容器以果醬瓶或是即溶咖啡罐等廣口瓶使用較為容易。這裡準備約150cc～200cc左右的容量，中藥則選用p109中適合自己的效果的，將大的葉子與枝用清潔的刀子切碎，或是使用陶缽 (不必磨成粉)。

2…加入藥用酒精與RO純水

瓶中加入藥用酒精與RO純水，蓋上蓋子輕輕搖晃。

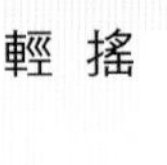

※藥用酒精與RO純水各一半，做成50%的酒精。除了藥用酒精之外，伏特加酒 (通常為40度左右)也有很好的萃取效果。對酒精過敏的人，請參照下方的注意事項。

3…一天搖晃瓶子一次

在陰暗的地方放置2周～1個月，期間每天要輕輕搖晃一次，讓精華容易滲出。

※約經過10日左右，取出少量的精華液塗在手腕內側，看是否發紅發癢，預先進行皮膚接觸測試。第一次使用的中藥，全部都要用這方式進行皮膚接觸測試。

4…用紙巾過濾

用燒杯或計量器等有注入口的容器，放上過濾紙，倒入瓶中的精華液。最後絞擰過濾紙，擠出精華液。

5…倒入遮光瓶中保存

將4移入清潔的遮光瓶中，放在陰暗的場所保存。

※約可以製成900cc的精華液。雖然精華液在常溫下也不容易腐敗，

▼▼▼注意事項▼▼▼

●進行皮膚測試

中藥被視為醫藥品，因此效果高，作用強。這裡所介紹的是屬於一般效用較為溫和的，但第一次使用的人還是必須先進行皮膚接觸測試。如果使用時感覺異常藥立刻終止，並且接受皮膚科醫生的診治。另外，如果將化妝水送給別人使用，也一定要請她進行皮膚接觸測試。

●對酒精過敏的人

此種化妝水中含多量的酒精，並不適合對酒精過敏的人。這個時候可以在鍋子裡煮沸100cc的精製水，放入10g生藥，再用小火煮30分鐘～1小時，將精華部分煮出。再用濾紙過濾，以精製水稀釋之後，就是中藥化妝水。同樣的也必須進行皮膚接觸測試。另外，用這種方式抽提出的精華必須要冷藏，並且要在1個月之內使用完畢。

STEP 1 製作中藥化妝水

●材料● (約一週份)

中藥精華…………………2～4小匙
甘油……………………1/2～1小匙
RO純水…………………60～80cc

●作法●

1…將精華液放入容器中

將化妝水用的容器消毒清潔乾淨，放入份量的中藥精華。

※肌膚較不敏感的人中藥的量可以多放一點，相反的，敏感的人則要減少中藥的量。多做幾次之後，就可以記住最適合自己的量了。

2…加入甘油

加入作為保濕素材的甘油，輕輕搖晃容器。

※保濕素材的量要配合皮膚的情況。皮膚較乾燥或是乾燥的季節裡要多加一些。油性肌膚或是夏季使用，有時候甚至不需要使用保濕素材。其他的保濕素材還有蜂蜜、甜菜鹼 (→p51) 等。

3…加入RO純水

加入RO純水，充分搖晃容器加以混合。

※最後用RO純水調整化妝水的濃度。有些中藥在加入RO純水的時候會出現白濁，這是因為不溶於水的成分分離出來的緣故，不用擔心。也可以用芳香晶露水 (→p17)代替RO純水，可以讓化妝水的效果更好。還可以加上一滴自己喜歡的精油(→p64～)，做成氣味芳香的化妝水。

4…保存於冰箱

將中藥化妝水保存於冰箱中，在1～2週之內使用完畢。

※中藥化妝水新鮮使用的效果最好。一次只做一週份並且一定要保存在冰箱之中。

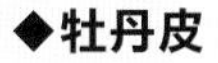

第一次也可以放心使用的生藥

◆牡丹皮
效果 美白，防止肌膚粗糙，預防褐斑、雀斑

◆虎耳草
效果 美白，預防皺紋、鬆弛，預防青春痘，日曬後防護

◆當歸
效果 保濕，促進皮脂分泌，美白，抗過敏
※油性肌膚的保濕

◆薏苡仁
效果 防止皮膚粗糙，滋潤皮膚，除去浮腫

◆熊果葉
效果 美白，預防褐斑、雀斑

◆桑白皮
效果 美白

◆芍藥
效果 保濕，抑制皮脂分泌
※油性肌膚的保濕

◆有翅莢決明子
效果 美白，防止肌膚粗糙，預防褐斑、雀斑
※異位性皮膚炎的預防、治療

◆這裡所介紹的中藥都是可以互相搭配的。

中藥精華的組合，向獨門配方挑戰

將作好的中藥精華進行不同的組合，做成適合自己肌膚的化妝水，但是，有些中藥彼此性質相剋會有沉澱物發生，或是出現混濁，購買時請事先確認。

●四種美白精華配方

用四種美白效果高的中藥精華配方做成的化妝水。容器中放2大匙熊果葉精華液，虎耳草、桑白皮、牡丹皮精華液各2小匙，加入40cc的RO純水。介意皮膚乾燥的時候，還可以加入1/2小匙的甘油。

●局部擦拭，敷臉專用

只有中藥精華做成的化妝水，可以用棉花沾濕之後，直接塗在褐斑的部分，也可以將棉花直接貼在這個部分進行敷臉也很有效果。容器中放入3大匙的虎尾草精華液，桑白皮、牡丹皮精華液各2大匙均勻的加以混合。用棉花沾

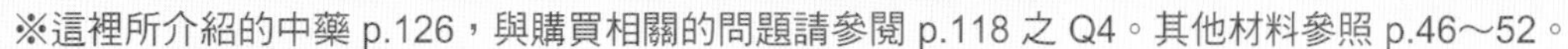

※這裡所介紹的中藥 p.126，與購買相關的問題請參閱 p.118 之 Q4。其他材料參照 p.46～52。

磨砂膏｜FACIAL SCRUB

小麥胚芽磨砂膏

wheat-germ scrub

磨砂膏會不會傷害皮膚呢？
不會的，因為只是輕輕撫摸而已，
就可以有明顯的效果。
根本不需要用力，小麥胚芽是
手製化妝品中不可缺少的保濕材料。

●材料● (約1次份)

小麥胚芽	1大匙
楓糖或蜂蜜	2小匙
牛奶	2小匙
玉米澱粉	1小匙

●作法●

在適當的容器中加入所有的材料充分攪拌。

●使用方式●

將敷面劑塗在臉上約15～20分鐘，然後用手輕輕按摩，將磨砂膏除掉。然後用溫水沖洗，最後用冷水沖臉。

※太用力按摩會弄傷肌膚，輕輕撫摸即可。

磨砂膏｜FACIAL SCRUB

香草磨砂膏

herbal scrub

因為肌膚敏感而困擾的人，
想要有更高的美容效果的人，
選擇自己的肌膚最需要的香草，
可以期待更高的效果，多試一些，
還可以創造自己獨特的配方。

●作法●

1

將香草用磨豆機或是食物調理機等粉碎器磨碎，然後用過濾器過濾。

2

在適當的容器中加入香草與砂糖，以及RO純水，充分攪拌成容易塗在臉上的硬度。

●使用方式●

將敷面劑塗在臉上約15～20分鐘，然後用手輕輕按摩，將磨砂膏除掉。然後用溫水沖洗，最後用冷水沖臉。

※乾香草要依自己皮膚的狀庫況而選擇，請參照 p22、23，以及p60～的說明記載。

●材料● (約1次份)

乾香草 (粉狀)	1大匙
砂糖	1小匙
RO純水	適量

◆乾香草參照 p.22、p.23、p.60～，其他材料 p.46～p.52。

全身保護 | BODY CARE

身體蘆薈乳液

body lotion

從澡盆中起來之後，
用手製香皂洗得舒服的身體，
塗上稠稠的乳霜會感覺黏膩而不舒服，
但是，不擦又太乾燥了。
那麼，做成化妝水，
就可以有舒適的使用感，
全身都可以使用。

●作法●

1
馬克杯等耐熱容器準備兩個，一個RO純水，另一個放油與乳化臘(以下簡稱臘)。

2
鍋子裡準備熱水轉小火，將兩個容器同時放在鍋子裡浸熱水，臘與油要充分攪拌，使臘完全溶解。

3
等臘完全溶解之後，測量容器內的溫度，確定兩者相同 (50～60℃)才從熱水中取出。

4
將溫熱過的RO純水倒入油與臘的容器中，充分攪拌。RO純水不要全部倒入，要留下一半。

5
一點點加入三仙膠，開始攪拌，這個動作要不停的重複，直到變得濃稠為止。

6
剩下的RO純水分2～3次加入，均勻混和。用小型打蛋器 (參照 p.13下的道具)可以漂亮的混和。

7
放置冷卻，偶爾加以攪拌。

8
裝入清潔的容器之中，完全冷卻之後加蓋放在冷藏室保存，一個月之內使用完畢。

●使用方式●

從浴缸中起來之後，塗抹全身，特別介意的部位可以多塗一些。

※參照p.26「乳液製作的基本本與重點」之順序製作。如果油類不能準備齊全，兩種之內可以用其他油類代替。

●材料● (約2周份)

RO純水	80cc
蘆薈膠	1小匙
甜杏仁油	1小匙
荷荷芭油	1小匙
澳洲胡桃油	1小匙
琉璃苣	1小匙
乳化臘	2小匙
三仙膠	1/8小匙

全身保護 | BODY CARE

頸霜

décolleté cream

頸霜的作用，
是要修飾容易顯現年齡的
頸部至胸部的曲線，
並有舒適的使用感，
可以獲得成熟女性的信任，
請仔細溫柔的對肌膚做按摩。

●材料● (約2周份)

RO純水	50cc
酪梨油	1大匙
澳洲胡桃油	1小匙
鴯鶓油	1小匙
小麥胚芽油	1小匙
可可脂	1小匙
乳化臘	2.5小匙
★精油	
白檀	5滴
安息香	3滴

●作法●

1
馬克杯等耐熱容器準備兩個，一個RO純水，另一個放所有的油、可可脂與乳化臘 (以下簡稱臘)。

2
鍋子裡準備熱水轉小火，將兩個容器同時放在鍋子裡浸熱水，臘與油要充分攪拌，使臘完全溶解。

3
等臘完全溶解之後，測量容器內的溫度，確定兩者相同(50～56℃)才從熱水中取出。

4
將溫熱過的RO純水倒入油與臘的容器中，充分攪拌。這裡如果攪拌不足，會導致乳霜分離，接下來的5分鐘要持續不斷的攪拌。

5
開始混合經過5分鐘之後，可以偶爾停止，要持續攪拌到濃稠狀態。

6
等乳霜完全冷卻之後加入精油，充分混合攪拌。這裡如果攪拌不足，精油濃度較高的部分會對皮膚造成刺激，所以要仔細攪拌。

7
裝入清潔的容器之中，完全冷卻之後加蓋放在冷藏室保存，1個月之內使用完畢。

●使用方式●

從浴缸中起來之後到睡前，塗抹胸部至頸部，並仔細按摩。

※參照p.34「乳霜製作的基本與重點」之順序製作。

◆冬天的秘密養護◆

方便護手包

將粗糙的雙手恢復光滑

●作法●

1
在容器中加入甜杏仁油1小匙、蓖麻油1/2小匙、羊毛脂1/2小匙、蛋黃1個份、蜂蜜1/2小匙、檸檬汁1小匙攪拌混合。

2
多量的塗在雙手，然後戴上棉質手套，保持20分鐘～1小時的時間。

3
拿開手套，用溫水仔細沖洗。

全身保護 | BODY CARE

日曬後身體乳液

suntan care body lotion

從自然的植物中取得的精華，
對日曬後的肌膚做細緻的防護，
如果不想肩膀、胸部留下雀斑、
褐斑就要仔細的加以按摩。

●材料● (約2周份)

RO純水……70cc
★乾香草
洋甘菊……1小匙
接骨木花……1小匙
康富利……1小匙
蕁麻……1小匙
木堇……1/2小匙
蘆薈膠……3大匙
金縷梅水……1大匙
蓖麻油……1/2小匙
月見草油……1/2小匙
金盞花油……1小匙
玫瑰果油……1/2小匙
三仙膠……1/8小匙
★精油
薰衣草……5滴
胡椒薄荷……2滴
安息香……2滴

●作法●

1

小鍋放入RO純水點火煮至沸騰熄火。將乾香草放入輕輕攪拌。加蓋放置冷卻。

※參照 p.39。

2

1完全冷卻之後將鍋內的香草用紙巾過濾。最後小心不要弄破，絞擰紙巾使精華充分滲出。取用50cc的香草液，如果不足50cc，則加上RO純水至 50cc。

3

馬克杯等耐熱容器準備兩個，一個放入2的香草液、蘆薈膠、金縷梅水、甘油。

4

將3用隔水或微波爐加熱至50℃。用微波爐加熱時，為避免過度加熱，每10～20秒觀察一次。

5

取20cc裝入其他溫熱過的容器中，加入少許三仙膠，持續攪拌至濃稠狀為止。

※為了避免三仙膠結塊，要一點點的加入攪拌。

6

冷卻之後加入油，充分加以混合。

7

5中剩下的混合液分為2～3次加入，充分加以混合。用小型打蛋器(參照 p13下的道具)可以漂亮的混和。

8

完全冷卻之後入精油，如果攪拌不足，精油濃度高的部分會對皮膚造成刺激，所以要仔細混合。

9

裝入清潔的容器之中，完全冷卻之後加蓋放在冷藏室保存，2～3週之內使用完畢。

●使用方式●

使用前充分搖晃容器，溫柔按摩塗抹日曬後全身肌膚。

◆乾香草 p.22、p.23 與 p.60～，精油參照 p.64～，其他材料 p.46～52。

手部保護 | HAND CARE

護手霜

hand cream

真不想聽到「看手就知道年齡」
這樣的說法。可是，
手美麗的女性，永遠看起來都年輕，
用香草製成的護手霜按摩，
也可以給你這樣的自信。

●作法●

1

小鍋放入RO純水點火煮至沸騰熄火。將乾香草放入輕輕攪拌。加蓋放置冷卻。※參照p39。

2

1完全冷卻之後將鍋內的香草用紙巾過濾。最後小心不要弄破，絞擰紙巾使精華充分滲出。取用50cc的香草液，如果不足50cc，則加上RO純水至50cc。

3

馬克杯等耐熱容器準備兩個，一個放入2的香草液、另一個放入乳化臘(以下簡稱臘)、荷荷芭油、乳油木果脂。

4

將3同時放入熱水中，將油與臘充分攪拌，使臘完全溶解。

5

等臘完全溶解之後，測量容器內的溫度，確定兩者相同(50～56℃)才從熱水中取出。

6

香草液慢慢少許的倒入油與臘的容器中。持續充分的攪拌。

7

一點點的加入三仙膠，持續攪拌至濃稠狀為止。 ※為了避免三仙膠結塊，所以要一點點的加入攪拌。

8

完全冷卻之後入精油，如果攪拌不足，乳霜中精油濃度高的部分會對皮膚造成刺激，所以要仔細混合。

9

裝入清潔的容器之中，完全冷卻之後加蓋放在冷藏室保存，1個月之內使用完畢。

●使用方式●

和水相關的工作結束，或是沐浴過後，休息之前，或者覺得介意的時候取少量於手心，相互按摩塗抹，使乳霜滲透於皮膚。

●材料● (約2周份)

RO純水……………………60cc
★乾香草
康富利……………………1小匙
萬壽菊……………………1小匙
西洋蓍草…………………1小匙
荷荷芭油…………………1大匙
乳油木果脂………………1小匙
乳化臘……………………1.5小匙
三仙膠……………………1/4小匙
★精油
玫瑰草……………………5滴
乳香………………………5滴

※參照 p.34「乳霜製作的基本與重點」之順序製作。

手部保護 | HAND CARE

指甲防護油

oil for nails

指甲油覆蓋著的指甲，
是否是健康的粉紅色呢？
指甲也需要呼吸，給它充足的養分，
讓它做深呼吸。

●作法●

在保存用的容器中放入所有的材料，蓋上蓋子充分搖晃。如果蜂蜜太硬不易混和，可以用微波爐加熱10～20秒再混和。

●使用方式●

使用前先搖晃，取少量於手上，在指甲上面按摩。

●材料● (約2～3周份)

鷗鶘油……………………1大匙
小麥胚芽油或維他命E油
……………………………1小匙
金盞花油…………………1小匙
蜂蜜………………………1小匙
★精油
安息香……………………3滴

※雖然可以在常溫下保存，不過要在一個月內使用完畢。

腳部保護 | FOOT CARE

美足霜

foot care cream

女性真正的優美度，
由手肘與腳跟的保護決定，
雖然足部的保養很難入手，
但是手製的乳霜可以做出漂亮的保護。

●作法●

1

馬克杯等耐熱容器準備兩個，一個裝RO純水，另一個放入乳化臘（以下簡稱臘）、所有的油類、乳油木果脂、羊毛脂。

2

將1放在鍋子裡同時隔水加熱，將油類與乳化臘充分攪拌，使臘融入油中。這個步驟必須小心攪拌才能完成。使臘完全溶解。

3

臘完全融解之後，測量容器內的溫度，確定兩者相同(50～60℃)才從熱水中取出。

4

2中加熱過的RO純水，一點點倒入油與臘的容器中，充分攪拌，如果攪拌不足，會造成乳霜的分離，所以接下來的5分鐘要持續不斷的攪拌。

5

開始混合經過5分鐘之後，可以偶爾停止，要持續攪拌到濃稠狀態。

6

完全冷卻之後入精油，如果攪拌不足，精油濃度高的部分會對皮膚造成刺激，所以要仔細混合。

7

裝入清潔的容器之中，完全冷卻之後加蓋放在冷藏室保存，一個月之內使用完畢。

●使用方式●

沐浴過後，休息之前，在腳跟或者覺得介意的腳背部分，取少量於手心，仔細按摩塗抹，因為腳底硬的部分多，要仔細的進行按摩。

※參照 p34「乳霜製作的基本與重點」之順序製作。

●材料● (約2周份)

材料	份量
RO純水	60cc
橄欖油	1大匙
蘆薈油	1大匙
荷荷芭油	1小匙
乳油木果脂油	1小匙
羊毛脂	1/2小匙
乳化臘	2.5小匙
★精油	
絲柏	6滴
雪松	4滴

腳部保護 | FOOT CARE

足部磨砂膏

oot care scrub

一面享受南國休閒地帶的香氣，
一面按摩美足，沖洗之後，
足部的光滑讓人忍不住多摸一下。

●作法●

在適當的容器中放入所有材料，蓋上蓋子充分搖晃。如果蜂蜜太硬不易混和，可用微波爐加熱10～20秒再混和。

●使用方式●

先塗在一隻腳上，用雙手溫柔的按摩。兩隻腳都按摩結束後，用溫水沖洗乾淨。

※輕輕按摩就很有效果。如果力道太大，容易損傷肌膚。可以用加減玉米粗粉與牛奶的量來調整磨砂膏的硬度，讓感覺更舒適。

●材料● (1次份)

材料	份量
玉米粗粉	3大匙
蜂蜜	1小匙
椰奶粉	1小匙
牛奶	2大匙

◆乾香草 p.22、p.23 與 p.60～，精油參照 p.64～，其他材料 p.46～52。

頭髮保護 | HAIR CARE

潤絲精

hair rinse vinegar

既然有手製的洗髮皂，那麼潤絲精呢？為了回應這種要求，所以就設計了這一款潤絲精，結果頗受好評，不可思議的清爽感，讓人十分的滿意。

●作法●

1

準備可以放500cc容量的醋的容器，加入容器1/3量的乾香草。

2

倒入份量的醋，加蓋放在陰暗處約2週的時間。偶爾輕輕搖晃容器，讓香草的精華可以充分流出。可在常溫下保存。

●使用方式●

香草浸泡約2週之後就可以使用。在洗臉盆中放滿熱水，倒2大匙潤絲精輕輕攪拌。將潤絲精淋在全部洗過的頭髮上。最後，將留在洗臉盆中的熱水全部淋在頭上，輕輕按摩。接著用溫水仔細沖洗。

※可以用手邊的乾香草加以組合。

●材料● (約2～3周份)

醋	500cc
乾香草	適量

◆照片中的乾香草是迷迭香。香草的浸泡方式可以參照 p.118 的 Q3。

頭髮保護 | HAIR CARE

香草茶潤絲精

herbal hair rinse

害怕醋味的人很適合的潤絲精，香草的效果讓頭皮活性化，雖然預先做好也非常方便，不過，取用一點餐後的香草茶留到沐浴的時間也是一種方法。

●材料● (約3周份)

香草茶	500cc
檸檬酸	50～60g
甘油	2小匙

●作法●

1

放入喜歡的香草，再加上檸檬酸、甘油。

2

倒入可以冷藏的容器中放在冷藏室。一個月內使用完畢。

●使用方式●

在洗臉盆中放滿熱水，倒2大匙香草潤絲精輕輕攪拌。將潤絲精淋在全部洗過的頭髮上。最後，將留在洗臉盆中的熱水全部淋在頭上，輕輕按摩頭皮。接著用溫水仔細沖洗。

※請選自己喜歡的香草，請參照 p.22、23之記載。

頭髮保護 | HAIR CARE

護髮油

hair pack oil

即使是硬如鋼絲的頭髮也不要放棄，
使用油保養，一次不行，
只要二次、三次之後必然可以有所改變。
自己親手做的，可以隨心所欲的進行。

●材料● (1次份)

甜杏仁油……………………1小匙
荷荷芭油……………………1小匙
椰子油………………………1小匙
檸檬汁或蘋果酒醋………1小匙
熱水…………………………1大匙
★精油
迷迭香或薰衣草…………3滴

●作法●

1
在適當的容器中放入所有的油，加入檸檬汁與熱水，用打蛋器攪拌。

2
加入精油，充分攪拌均勻。

●使用方式●

在洗頭之前頭髮乾燥時使用，先取用少量按摩在頭皮上，然後揉在頭髮上，戴上浴帽，或是包上保鮮膜。等待15～20分鐘。然後洗頭。

※有時候油會一次無法洗掉，這個時候就要多洗幾次，一直到油洗掉為止，以避免成分殘留在頭皮上。

頭髮保護 | HAIR CARE

雞蛋護髮

egg for hair

週末的沐浴時間，
是給受損的髮絲與頭皮禮物的大好機會，
為了重要的秀髮，
一次次的用親手製的保養品細心按摩。

●作法●

1
在適當的容器中放入蛋黃，然後加入所有的油與甘油均勻混和。

2
加入檸檬汁，充分攪拌均勻。

●使用方式●

在洗頭之前頭髮乾燥時使用，先取用少量按摩在頭皮上，然後揉在頭髮上，戴上浴帽，或是包上保鮮膜。等待15～20分鐘。然後洗頭。

※有時候油會一次無法洗掉，這個時候就要多洗幾次，一直到油洗掉為止，以避免成分殘留在頭皮上。

●材料● (1次份)

酪梨油………………………1小匙
蓖麻油………………………1小匙
橄欖油………………………1小匙
甘油…………………………1小匙
蛋黃…………………………1個份
蜂蜜…………………………1小匙
檸檬汁或蘋果酒醋………1大匙

◆乾香草 p.22、p.23與 p.60～，精油參照 p.64～，其他材料 p.46～52。

Q&A

這是一個專門回答剛開始製作香皂的各種疑問的專欄。
這個專欄是根據許多網站或手製化妝品教室中的
許多疑問製作而成。

Q1 我本來以為手製化妝品都用蔬菜或水果製成，到底這些材料要去哪裡買？

A 蔬菜或水果等廚房中常用的食材，也是很棒的手製化妝品材料，不過製作乳液、化妝水、護唇膏等等還是需要一些特別的材料。購買的方式如下。

●**郵購**：大部份的材料都可以買到。雖然網路訂購事主流，不過有些店也接受電話或是傳真的訂購。

●**店面中購買**：雖然手製化妝品的材料店並不常見，不過，有些香草或芳香療法的店裡也會出售化妝品的材料。可以試著問問看。

●**也可以利用網路或是工商名錄**：可以利用網路檢索能夠郵購的店。另外利用工商名錄也是一種方法。特別是二氧化鈦或是氧化鋅，也可以在一部分的藥房訂購，可以詢問看看。

Q2 在網路上看到手製化妝品的配方，立刻用廚房裡的沙拉油製作，使用之後臉卻開始發癢，這是為什麼呢？

A 雖然食用油也可以使用，不過，使用之前一定要進行皮膚接觸測試，因為化妝品是必須直接接觸皮膚的，所以必須使用適用於化妝品的材料，所以，利用郵購的方式購買化妝品材料專門店的商品，應該比較不容易出錯，店面中零售的，一定要確認是化妝品專用的才能購買。特別是油，適合用來做化妝品的很多。最好不要用食用油，請使用化妝品材料專門店中出售的，或是芳香療法中所使用的基底油。另外第一次使用的材料，成品一定要在身體不明顯的部位先做皮膚接觸測試。

Q3 製作潤絲精的時候，用來浸泡的迷迭香不會向下沉，很難分離使用，過濾又太麻煩了，有沒有更簡便的方式？

A 可以利用市售的茶包。特別是一次浸泡數種香草的時候，不同種類放在不同的袋子中，自然可以一目了然，非常方便。取出的時候，將茶袋拿起來，稍微絞擰就可以減少浪費，而且善後的處理更是方便。浸泡的量較多，或是一次浸泡數種時，可以利用大型的紙袋。

Q4 想要製作中藥化妝水，但是究竟要去哪裡購買中藥呢？

A 中藥要在自己信任的店家購買品質優良的，如果要在店裡購買，要選擇規模大，店面乾淨的漢方藥局。可以利用工商名錄找出離家裡較近的漢方藥局，然後打電話詢問自己想要的中藥種類是否有出售？價錢多少？以及至少要多少才肯賣。如果缺貨，何時可以再進等等，條件都符合了，才實際到店裡看看。尤其是至少要多少才肯賣，是一個很重要的問題。中藥精華一次約需要10～20左右，所以要找出量少也願意出售的店家。比較方便的方式則是郵購。有部分專門介紹「中藥化妝水」，有些甚至是數十g的量也願意出售。或者也可以利用網路檢索出適合自己的店。

Q5 有沒有方法可以弄碎乾香草或是中藥？總是用刀子實在很麻煩。

A 可以利用磨豆機或是食物調理機，浸泡酒精的時候，如果弄得太細，過濾時會很麻煩，而且香草受熱會改變性質，所以也只能用數十秒而已。還可以用手撕開後放進研缽中弄碎。薰衣草雖

Q&A

不容易用食物調理機弄碎，需要多花一點時間，也一樣可以磨成細粉。百貨公司的廚具賣場或是部份郵購型錄都可以買到。

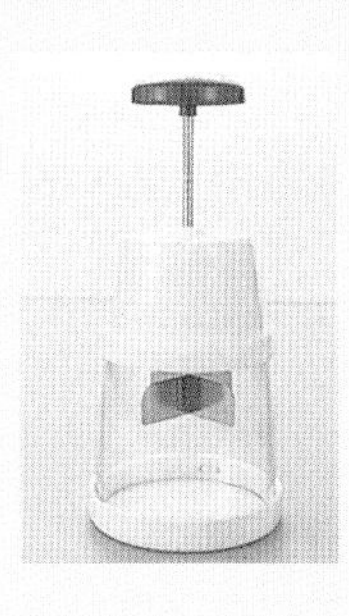

Q6 完成之後的乳霜可以讓他再硬一點嗎？照著配方製作，卻覺得使用時太軟了。

A 因為本書建議手製化妝品需要冷藏，所以依配方完成的乳霜會比較軟一點。因為只要放入冷藏室就會變硬了，因此，剛凝固的冷霜並不是很方便使用。
如果想要讓完成後的冷霜更硬一點，可以放在耐熱容器中加入少量的乳化臘，再一次的用隔水或微波爐加熱。接著持續攪拌數分鐘，好讓乳化臘溶於乳霜中，然後放置冷卻。
要注意的是，後來再加入的乳化臘量不可以太多。數量少的乳霜，只要用手指拈一小撮就夠了。

Q7 想用柑橘系的精油製作化妝水，又擔心光敏化作用，真的白天都不可以使用嗎？

A 柑橘系的精油因為有光敏化作用的緣故，塗上去的12小時之內，不可以接觸到紫外線。一旦接觸到紫外線，很可能會出現褐斑或是紅腫。不過，這裡要介紹一種柑橘系的精油不具光敏化作用的，一種稱為「Litseacub-eba」，別名「Maychang」的油。具有香茅的清爽與柑橘的甜香，在意紫外線的白天也一樣可以使用，很多店都有出售。

Q8 我不知道浸泡中藥，保存精華液，保存化妝水或是乳霜的玻璃容器要去哪裡買。塑膠製的容器價格便宜，可以使用嗎？玻璃容器又要去哪裡買呢？

A 塑膠容器也可以使用，不過，會有塑膠的味道跑進去，而且塑膠製品劣化之後很容易髒汙，使用數次就必須要換新的。一般的商店中就有，價格非常便宜，也可以用過就丟。玻璃容器只要洗過就不會有味道，因為不會有劣化的問題，所以可以長期使用。而且不必非用酒精消毒不可，也可以煮沸消毒，所以比較省錢。從長遠的角度來看，反而比較有利。
玻璃容器在化妝品材料行中可以買到。有時候也可以在芳香療法店或雜貨店裡看到。其實並不需要特別去購買，可以把家中不要用的空瓶子留下來，適當的加以利用。舉例來說，即溶咖啡的空罐等廣口瓶，就可以利用來浸泡香草或是中藥。保存精華液或化妝水用的遮光瓶，就可以利用營養口服液或是藥物的空瓶。市售的乳霜，用完後的空瓶也可以拿來利用。

Q9 想要把手製化妝品與香皂當作禮物送給朋友。哪一種化妝品或香皂適合初次使用的人呢？

A 成功的作出了香皂或化妝品，想要和朋友一起分享，如果如同p100～102所介紹的一樣進行包裝，就成了一件最具有創意的禮物。
香皂只要自己用了覺得舒服就可以送給朋友。而化妝品則以香草茶或芳香晶露製成的化妝水最為適合。另外護手霜或護脣膏也可以。
不過，有一件事情非注意不可。本書中也好幾次提過，自然的素材並不是適合每一個人。對你來說用起來舒適的香皂或乳液，說不定會讓你的朋友皮膚發癢，紅腫。用心完成的禮物，如果傷害了最親愛的朋友，就傷腦筋了。一定要清楚的告訴朋友「先塗在手臂內側一天試試看，確定沒有任何異常才可以使用」。這是非常重要的一點，請一定要遵守，也請你的朋友一定要遵守。

Q&A

Q10 製作皂液是很辛苦的一件事情，最少需要連續攪拌20分鐘，必須要很有體力才能做到。一定要這樣辛苦嗎？做皂液沒有更方便的方法嗎？

A 是的，這是非常辛苦的一件工作，製作香皂如果不能跨過這一關就無法成功，雖然真的想要忍耐，不過真的有更輕鬆的方法。那就是利用攪拌機。液鹼和所有的油類放入之後，先用打蛋器稍微攪拌，然後攪拌器就登場了。放入皂液中按下啟動開關，畫大圓般的讓全部均勻攪動。為了避免皂液飛濺，絕對不可以在開關啟動的狀態下將攪拌器拿開。

製作皂液時使用的攪拌器，建議使用圖示的種類。製作點心用的會造成皂液的飛濺，絕對不可以使用。

使用攪拌器的時候，另一個重要的重點。描跡出現之後，就要關掉開關，接著用打蛋器再攪拌一次。如果忘了這一點，就會讓皂液中產生氣泡，會做出有空洞的香皂。

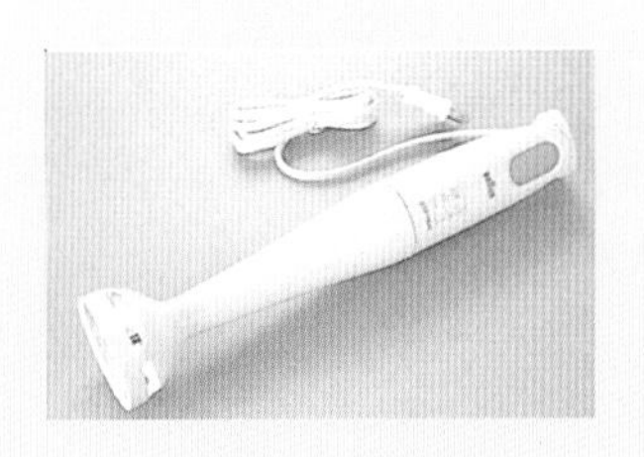

Q11 請教有關塗在香皂模型上的凡士林。

A 凡士林是精製天然產之原油做成，呈臘狀。塗在皮膚表面會在表面張開一層油膜以防止水分蒸發，所以經常用在化妝品的製造。另外，也可以直接使用，作為防止乾燥的軟膏。對皮膚溫和，也具有防止過敏的作用。

本書中是以化妝品的材料而登場，製作乳霜的時候，也可以少量的添加。

經常作為皮膚保濕劑而使用的凡士林，因為不會皂化 (參考Q12) 之故，所以，很適合用來製作香皂時塗在模型上。皮膚用的凡士林，是純度高的白色凡士林。可在一般藥局購買。

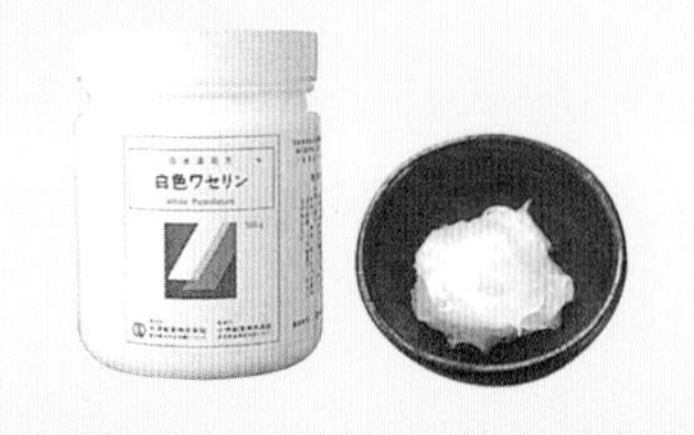

Q12 什麼是香皂的皂化與皂化價？不了解這些也可以做香皂嗎？香皂的用語相當的困難，可以請教嗎？

A 即使不了解用語，也可以製作香皂。即使不了解料理的專門術語，不是也一樣可以做出好吃的料理嗎？本書的主要目的，是讓大家準備好工具，依照配方享受手製的樂趣，因此省略了與香皂相關的專門用語的說明，這裡便將主要的用語進行解說。

皂化 油類鹼化 (固體化為氫氧化鈉) 的反應，也就是變化成香皂的反應。

皂化價 油類變成香皂時鹼化 (固體化為氫氧化鈉) 的數值。這項數值會因油而異。

※本書配方式根據這個數值，正確計算各別油類皂化值所需要的氫氧化鈉量而得出的合計值。

皂化率 油類的總量之中，約有多少會與氫氧化鈉產生作用，變成香皂的比例，可以藉此調節氫氧化鈉的量。皂化率百分之百，表示所有的油都可以變成香皂，在這種情況下就會做成刺激性強的香皂，不會有太好的使用感，因此，皂化率多半設定在85～95%。舉例來說，皂化率90%，這表示有90%皂化，也就是留下了10%的油類的狀態，這個部分可以有高的保濕效果，也就是有舒適的使用感。但是，剩下的油會提早氧化，所以必須要在半年～一年之內使用完畢。

※本書的配方皂化率約設在93%左右，任何季節使用，都可以有舒適的使用感。

折扣率 為了殘留一些油份，做成較為舒適的香皂，所以減少氫氧化鈉的量。90%的皂化率，也就表示有10%的折扣率。

超脂油　為了提高香皂的保濕力，其後加上的附加油類。→p.73 的 step 3～17，或是 p.76 附加材料的加入方式。

批量　製作香皂的「1製作份」或者「1配方份量」，也就是批量尺寸。一般說來油類的總量就是香皂1配方份的量(＝尺寸)，如果油類的合計是550g的香皂，那麼他的尺寸就是550g批量。

重製　製作香皂時不慎失敗，或是將小塊的香皂收集起來，以之為材料重新製作新的香皂的方法。將香皂削細之後加入水分，隔熱水溶解，倒入模型中加以凝固。

Q13 已經第二次向香皂的製作挑戰了。第一次的時候，或許因為過於粗心，結果導致失敗。想用刀子切的時候，才發現竟然是連刀子都切不下去的硬度。因為已經不想使用了，可以丟進可燃垃圾中嗎？

A 失敗的原因可能是油的計量錯誤所致。但是請等一下。因為失敗了就立刻丟掉，不但浪費材料，辛苦做成的香皂也非常可惜。可以試試稱為重製的回收方法。因為初學者失敗的很多，所以並不是一個勉強推薦的方法。先不要丟掉，再試一次看看。另外，重新加入香料或是顏色，可以有不同的感覺。如果覺得重製的香皂用起來不舒服，不想拿來洗臉或洗澡，也可以放在廚房裡，當作洗手皂或清潔皂，一定要加以活用。

※如果依照本書的配方製作，不會出現極端硬或是軟的現象。可是，如果計量發生錯誤，還是會導致失敗，所以計量時還要多小心仔細。

【重製的做法】

1 將製作失敗的香皂用刀子切成小塊，或者用磨泥器磨成極小塊。
※用磨泥器比較不容易失敗。

2 磨細的香皂放入香皂專用的鍋子裡，倒入可以蓋住香皂的水量。加蓋放置3～4小時甚至1天。

3 接下來要修正原先錯誤的地方。如Q13中所說的太硬的香皂，可能是油不夠所致，這裡要加上足量的油。

4 鍋子點上小火，加熱香皂。溫度如果太高會產生汽泡，所以要偶爾離火，用木刮刀攪拌，或者轉更小的火。小心不要產生氣泡。

5 重複步驟4，等到水分蒸乾，變成黏稠的皂液，就熄火。

6 加上香料與顏色均勻攪拌。需要加入附加材料利用這候。

7 倒入模型，放在通風的地方數天。

8 香皂凝固之後取出，切成適當大小加以乾燥。要成為方便使用的狀態，至少需要2～3週的乾燥期間。

給想做出獨創香皂的人

除了本書的配方之外，想選不同的油類，製作獨創的香皂時，可以參考 p46～49的材料。油，油脂等英文名稱後面會有一個數字，那是各種油類的「皂化值」。決定好要使用的油的份量之後，接著以下面(1)～(3)的步驟計算需要之氫氧化鈉的份量。

※計算時選擇了與本書配方同樣的 550g。因此，這個時候的精製水以192 g 為宜。

(1) 各種油的份量，乘上該材料頁數上記載的皂化值。
(2) 所得出的數據，就是皂化值100% 皂化率時氫氧化鈉的份量。
(3) 決定好 p85～95之間，自己喜歡的皂化率，乘上(2)的數字，就是最終需要的氫氧化鈉量。

◆簡單了解氫氧化鈉量的工具◆

接下來的部分，要介紹一個在網路上設定好的計算氫氧化鈉量的程式，只要輸入油的名稱與份量，就可以自動計算，非常方便。
網頁名稱：旋轉香皂工房(從清單中選擇「鹼性計算機」)
URL：http/user.ecc.u-tokyo.ac.jp/kk06623/soap/

◆如果上述的網頁可能無預告的有所變動。找不到的時候可以檢索「旋轉香皂工房」。

INDEX

想找出適合自己膚質、症狀時
非常便利的索引

※數字為頁數，「上下」為頁內之欄目。

【膚質別】

●乾燥肌膚

●油性肌膚

●面皰型肌膚

●敏感肌膚

●日曬肌膚

●暗沉肌膚

●老化肌膚

【肌膚症狀別】

【保養】

◆依肌膚類型•症狀別的護膚，介紹值得推薦的。

【創意護膚】

【全身症狀】

動手做最適合自己的純天然手工皂

18 x 24 cm　　144頁
定價320元　　彩色

本書作者精心挑選出２０種獨創的手工香皂與各位讀者分享。想要開始學做手工香皂的您，這一本就能讓您學到正確專業的製作方法和知識！

香皂不只是用來清潔身體的物品，隨著季節的不同、各人的膚質以及其它保養功效，必須配合不同狀況更換所使用的香皂。不單單只是洗淨而已，也顧慮到保養以及心靈上的放鬆，讓您每天都能在不同功能的香皂呵護下，過著幸福滿足的生活。

在提倡無毒、環保的時代，自己製作的手工香皂不但可以依個人喜好創造出適合自己的新種類，用起來也安心！不管是自己使用或送人，都是一份很獨特的禮物！

自製的香皂可以依自己喜好製作美顏護膚的洗臉用香皂、消除疲勞用的滋養香皂、曬後修護的呵護香皂、讓身心溫暖的生薑香皂以及預防感冒用的香皂。兒每天都要使用的香皂更可以製成薰衣草香皂，除了有消炎、殺菌、消毒的功用之外，還可以調整自律神經失調達到均衡的狀態，使心靈放鬆。

瑞昇文化http://www.rising-books.com.tw　購書優惠服務請洽：TEL：02-29453191 或 e-order@rising-books.com.tw

10分鐘！超吸睛の衣物妝點魔法

21x18.2 cm　96頁
定價220元　彩色

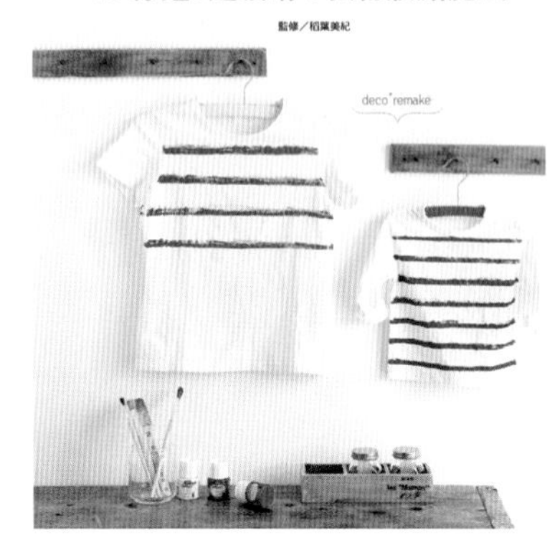

10分鐘，只要10分鐘！就能完成一件作品。

完全不需要使用到車縫技巧與針線，製作過程非常簡單快速、安全又好玩。無論是對針線裁縫不拿手的人，或是想與孩子一起體驗勞作創意快樂時光的人都很適合這本書。

書中介紹多樣化的創意作品。不只是衣服、褲&裙，包包、鞋子、帽子也可以拿來重新妝點，新款衣物不用買！自己動手作最省錢。

全書彩色圖片與製作步驟圖，還有”極簡單”又易懂的說明，第一次做的初學者也完全不用擔心！

FIMO SOFT 軟陶小飾品

21x18.2 cm　132頁
定價300元　彩色

本書是一本軟陶的製作教學工具書，從黏土調節、壓模、加熱、打磨……等基本製作方法，到各種可愛飾品的實際製作，均搭配彩色實景照片進行解說！只要確實瞭解軟陶特性、熟悉製作技巧，你也可以成為軟陶工藝達人！

把照片拼貼成生活雜貨

21x18.2 cm　112頁
定價280元　彩色

本書教你如何透過簡單的影像編輯，把照片小小加工一下，就可以呈現不一樣的風情樣貌。從最簡單的明信片、信紙、貼紙、鑰匙圈、皮包、項鍊墜子到最誇張的抱枕……都變成是自己專屬的設計作品。

監修者

福田瑞江

出生於兵庫縣尼崎市，成長於廣島。

手製化妝品研究家。在NHK電視節目『一斗六間』中，公開手製化妝品的作法，獲得很大的迴響。

新開設的手製化妝品教室，使很多人的問題肌膚獲得改善，因此備受重視。

根據膚質與過敏知識而創造的獨特配方，經過多次試用而不斷改善，已被評價為具有與市售品毫無差別的良好使用感。

他覺得：「手製品對皮膚更好，也沒道理使用感覺不好的東西」，從此開始追求一般家庭也不容易失敗的方法，做出「更舒服的基礎化妝品」。

中文校稿

妞妞

本名 徐玉蕙

1972年 出生・水瓶座

2002年 成立手工皂個人工作室

2002年 擔任手工皂專任講師，以手作保養品及清潔用品 DIY 教學

現任 高雄縣社區大學 手工皂專任講師

鳳山市民大學 手工皂專任講師

高雄市團委會裕誠教育中心 手工皂專任講師

中國文化大學推廣教育班 愛戀手工皂專任講師

妞妞 DIY 生活館

經歷 高雄市環保局廢油回收製皂 指導老師

高雄市立社會教育館廢油回收製皂 指導老師

高雄市衛武社區環保嘉年華廢油回收製皂 指導老師

TITLE

手製化妝品與手工皂

STAFF

出版　三悅文化圖書事業有限公司
原著編輯　福田瑞江

校對　徐玉蕙
排版　齊格飛設計製作群
製版　明宏彩色照相製版股份有限公司
印刷　桂林彩色印刷股份有限公司
法律顧問　經兆國際法律事務所　黃沛聲律師

戶名　瑞昇文化事業股份有限公司
劃撥帳號　19598343
地址　新北市中和區景平路464巷2弄1-4號
電話　(02)2945-3191
傳真　(02)2945-3190
網址　www.rising-books.com.tw
Mail　resing@ms34.hinet.net

本版日期　2013年11月
定價　300元

國家圖書館出版品預行編目資料

手製化妝品與手工皂／福田瑞江原著監修. --初版. --
台北縣中和市：三悅文化圖書. 2004 [民93]　面：
公分

ISBN 957-526-549-1(平裝)

1.化妝品 - 製造 2.肥皂 - 製造 3.美容

466.7　93020741